国家出版基金项目
绿色制造丛书
组织单位 | 中国机械工程学会

机械加工过程能耗建模和优化方法

何 彦 李育锋 王禹林 刘 超 王时龙 著

U0171860

机械工业出版社
CHINA MACHINE PRESS

随着制造业能耗和环境问题的日益严峻以及全球低碳化形势的发展，机械加工过程中的能耗问题成为绿色制造领域研究的热点问题之一。针对机械加工过程能耗建模与优化问题，本书进行了机械加工过程的能耗体系化研究，全面覆盖了机械加工过程中设备层级的能耗监测、工艺层级的能耗建模以及由多机床与多工艺构成的车间层级的能耗评估与优化调控，并且提供了能耗监测与优化的应用支持系统。本书主要内容包括机械加工过程能耗及其研究现状、机械加工设备的能耗监测、机械加工过程的能耗建模、机械加工车间的能耗评估与优化。

本书可供工科院校机械类本科生和研究生使用，也可作为相关专业工程技术人员、管理人员以及对绿色制造领域感兴趣人员的参考书。

图书在版编目（CIP）数据

机械加工过程能耗建模和优化方法/何彦等著 . —北京：机械工业出版社，2022.3
（绿色制造丛书）
国家出版基金项目
ISBN 978-7-111-70040-1

Ⅰ. ①机… Ⅱ. ①何… Ⅲ. ①金属切削-能耗计算-系统建模 ②金属切削-节能-最佳化 Ⅳ. ①TG506

中国版本图书馆 CIP 数据核字（2022）第 007318 号

机械工业出版社（北京市百万庄大街 22 号 邮政编码 100037）
策划编辑：郑小光 责任编辑：郑小光 韩 静 王 荣
责任校对：郑 婕 王明欣 责任印制：李 娜
北京宝昌彩色印刷有限公司印刷
2022 年 4 月第 1 版第 1 次印刷
169mm×239mm · 13.5 印张 · 256 千字
标准书号：ISBN 978-7-111-70040-1
定价：68.00 元

电话服务 网络服务
客服电话：010-88361066 机 工 官 网：www.cmpbook.com
　　　　　010-88379833 机 工 官 博：weibo.com/cmp1952
　　　　　010-68326294 金 书 网：www.golden-book.com
封底无防伪标均为盗版 机工教育服务网：www.cmpedu.com

"绿色制造丛书" 编撰委员会

主　任
宋天虎　中国机械工程学会
刘　飞　重庆大学

副主任（排名不分先后）
陈学东　中国工程院院士，中国机械工业集团有限公司
单忠德　中国工程院院士，南京航空航天大学
李　奇　机械工业信息研究院，机械工业出版社
陈超志　中国机械工程学会
曹华军　重庆大学

委　员（排名不分先后）
李培根　中国工程院院士，华中科技大学
徐滨士　中国工程院院士，中国人民解放军陆军装甲兵学院
卢秉恒　中国工程院院士，西安交通大学
王玉明　中国工程院院士，清华大学
黄庆学　中国工程院院士，太原理工大学
段广洪　清华大学
刘光复　合肥工业大学
陆大明　中国机械工程学会
方　杰　中国机械工业联合会绿色制造分会
郭　锐　机械工业信息研究院，机械工业出版社
徐格宁　太原科技大学
向　东　北京科技大学
石　勇　机械工业信息研究院，机械工业出版社
王兆华　北京理工大学
左晓卫　中国机械工程学会
朱　胜　再制造技术国家重点实验室
刘志峰　合肥工业大学
朱庆华　上海交通大学
张洪潮　大连理工大学

李方义　山东大学
刘红旗　中机生产力促进中心
李聪波　重庆大学
邱　城　中机生产力促进中心
何　彦　重庆大学
宋守许　合肥工业大学
张超勇　华中科技大学
陈　铭　上海交通大学
姜　涛　工业和信息化部电子第五研究所
姚建华　浙江工业大学
袁松梅　北京航空航天大学
夏绪辉　武汉科技大学
顾新建　浙江大学
黄海鸿　合肥工业大学
符永高　中国电器科学研究院股份有限公司
范志超　合肥通用机械研究院有限公司
张　华　武汉科技大学
张钦红　上海交通大学
江志刚　武汉科技大学
李　涛　大连理工大学
王　蕾　武汉科技大学
邓业林　苏州大学
姚巨坤　再制造技术国家重点实验室
王禹林　南京理工大学
李洪丞　重庆邮电大学

"绿色制造丛书" 编撰委员会办公室

主　任
刘成忠　陈超志

成　员（排名不分先后）
王淑芹　曹　军　孙　翠　郑小光　罗晓琪　李　娜　罗丹青　张　强　赵范心
李　楠　郭英玲　权淑静　钟永刚　张　辉　金　程

制造是改善人类生活质量的重要途径，制造也创造了人类灿烂的物质文明。

也许在远古时代，人类从工具的制作中体会到生存的不易，生命和生活似乎注定就是要和劳作联系在一起的。工具的制作大概真正开启了人类的文明。但即便在农业时代，古代先贤也认识到在某些情况下要慎用工具，如孟子言："数罟不入洿池，鱼鳖不可胜食也；斧斤以时入山林，材木不可胜用也。"可是，我们没能记住古训，直到 20 世纪后期我国乱砍滥伐的现象比较突出。

到工业时代，制造所产生的丰富物质使人们感受到的更多是愉悦，似乎自然界的一切都可以为人的目的服务。恩格斯告诫过：我们统治自然界，决不像征服者统治异民族一样，决不像站在自然以外的人一样，相反地，我们同我们的肉、血和头脑一起都是属于自然界，存在于自然界的；我们对自然界的整个统治，仅是我们胜于其他一切生物，能够认识和正确运用自然规律而已（《劳动在从猿到人转变过程中的作用》）。遗憾的是，很长时期内我们并没有听从恩格斯的告诫，却陶醉在"人定胜天"的臆想中。

信息时代乃至即将进入的数字智能时代，人们惊叹欣喜，日益增长的自动化、数字化以及智能化将人从本是其生命动力的劳作中逐步解放出来。可是蓦然回首，倏地发现环境退化、气候变化又大大降低了我们不得不依存的自然生态系统的承载力。

不得不承认，人类显然是对地球生态破坏力最大的物种。好在人类毕竟是理性的物种，诚如海德格尔所言：我们就是除了其他可能的存在方式以外还能够对存在发问的存在者。人类存在的本性是要考虑"去存在"，要面向未来的存在。人类必须对自己未来的存在方式、自己依赖的存在环境发问！

1987 年，以挪威首相布伦特兰夫人为主席的联合国世界环境与发展委员会发表报告《我们共同的未来》，将可持续发展定义为：既满足当代人的需要，又不对后代人满足其需要的能力构成危害的发展。1991 年，由世界自然保护联盟、联合国环境规划署和世界自然基金会出版的《保护地球——可持续生存战略》一书，将可持续发展定义为：在不超出支持它的生态系统承载能力的情况下改善人类的生活质量。很容易看出，可持续发展的理念之要在于环境保护、人的生存和发展。

世界各国正逐步形成应对气候变化的国际共识，绿色低碳转型成为各国实现可持续发展的必由之路。

中国面临的可持续发展的压力尤甚。经过数十年来的发展，2020年我国制造业增加值突破26万亿元，约占国民生产总值的26%，已连续多年成为世界第一制造大国。但我国制造业资源消耗大、污染排放量高的局面并未发生根本性改变。2020年我国碳排放总量惊人，约占全球总碳排放量30%，已经接近排名第2~5位的美国、印度、俄罗斯、日本4个国家的总和。

工业中最重要的部分是制造，而制造施加于自然之上的压力似乎在接近临界点。那么，为了可持续发展，难道舍弃先进的制造？非也！想想庄子笔下的圃畦丈人，宁愿抱瓮舀水，也不愿意使用桔槔那种杠杆装置来灌溉。他曾教训子贡："有机械者必有机事，有机事者必有机心。机心存于胸中，则纯白不备；纯白不备，则神生不定；神生不定者，道之所不载也。"（《庄子·外篇·天地》）单纯守纯朴而弃先进技术，显然不是当代人应守之道。怀旧在现代世界中没有存在价值，只能被当作追逐幻境。

既要保护环境，又要先进的制造，从而维系人类的可持续发展。这才是制造之道！绿色制造之理念如是。

在应对国际金融危机和气候变化的背景下，世界各国无论是发达国家还是新型经济体，都把发展绿色制造作为赢得未来产业竞争的关键领域，纷纷出台国家战略和计划，强化实施手段。欧盟的"未来十年能源绿色战略"、美国的"先进制造伙伴计划2.0"、日本的"绿色发展战略总体规划"、韩国的"低碳绿色增长基本法"、印度的"气候变化国家行动计划"等，都将绿色制造列为国家的发展战略，计划实施绿色发展，打造绿色制造竞争力。我国也高度重视绿色制造，《中国制造2025》中将绿色制造列为五大工程之一。中国承诺在2030年前实现碳达峰，2060年前实现碳中和，国家战略将进一步推动绿色制造科技创新和产业绿色转型发展。

为了助力我国制造业绿色低碳转型升级，推动我国新一代绿色制造技术发展，解决我国长久以来对绿色制造科技创新成果及产业应用总结、凝练和推广不足的问题，中国机械工程学会和机械工业出版社组织国内知名院士和专家编写了"绿色制造丛书"。我很荣幸为本丛书作序，更乐意向广大读者推荐这套丛书。

编委会遴选了国内从事绿色制造研究的权威科研单位、学术带头人及其团队参与编著工作。丛书包含了作者们对绿色制造前沿探索的思考与体会，以及对绿色制造技术创新实践与应用的经验总结，非常具有前沿性、前瞻性和实用性，值得一读。

丛书的作者们不仅是中国制造领域中对人类未来存在方式、人类可持续发展的发问者，更是先行者。希望中国制造业的管理者和技术人员跟随他们的足迹，通过阅读丛书，深入推进绿色制造！

华中科技大学　李培根

2021 年 9 月 9 日于武汉

在全球碳排放量激增、气候加速变暖的背景下，资源与环境问题成为人类面临的共同挑战，可持续发展日益成为全球共识。发展绿色经济、抢占未来全球竞争的制高点，通过技术创新、制度创新促进产业结构调整，降低能耗物耗、减少环境压力、促进经济绿色发展，已成为国家重要战略。我国明确将绿色制造列为《中国制造2025》五大工程之一，制造业的"绿色特性"对整个国民经济的可持续发展具有重大意义。

随着科技的发展和人们对绿色制造研究的深入，绿色制造的内涵不断丰富，绿色制造是一种综合考虑环境影响和资源消耗的现代制造业可持续发展模式，涉及整个制造业，涵盖产品整个生命周期，是制造、环境、资源三大领域的交叉与集成，正成为全球新一轮工业革命和科技竞争的重要新兴领域。

在绿色制造技术研究与应用方面，围绕量大面广的汽车、工程机械、机床、家电产品、石化装备、大型矿山机械、大型流体机械、船用柴油机等领域，重点开展绿色设计、绿色生产工艺、高耗能产品节能技术、工业废弃物回收拆解与资源化等共性关键技术研究，开发出成套工艺装备以及相关试验平台，制定了一批绿色制造国家和行业技术标准，开展了行业与区域示范应用。

在绿色产业推进方面，开发绿色产品，推行生态设计，提升产品节能环保低碳水平，引导绿色生产和绿色消费。建设绿色工厂，实现厂房集约化、原料无害化、生产洁净化、废物资源化、能源低碳化。打造绿色供应链，建立以资源节约、环境友好为导向的采购、生产、营销、回收及物流体系，落实生产者责任延伸制度。壮大绿色企业，引导企业实施绿色战略、绿色标准、绿色管理和绿色生产。强化绿色监管，健全节能环保法规、标准体系，加强节能环保监察，推行企业社会责任报告制度。制定绿色产品、绿色工厂、绿色园区标准，构建企业绿色发展标准体系，开展绿色评价。一批重要企业实施了绿色制造系统集成项目，以绿色产品、绿色工厂、绿色园区、绿色供应链为代表的绿色制造工业体系基本建立。我国在绿色制造基础与共性技术研究、离散制造业传统工艺绿色生产技术、流程工业新型绿色制造工艺技术与设备、典型机电产品节能减排技术、退役机电产品拆解与再制造技术等方面取得了较好的成果。

但是作为制造大国，我国仍未摆脱高投入、高消耗、高排放的发展方式，资源能源消耗和污染排放与国际先进水平仍存在差距，制造业绿色发展的目标尚未完成，社会技术创新仍以政府投入主导为主；人们虽然就绿色制造理念形成共识，但绿色制造技术创新与我国制造业绿色发展战略需求还有很大差距，一些亟待解决的主要问题依然突出。绿色制造基础理论研究仍主要以跟踪为主，原创性的基础研究仍较少；在先进绿色新工艺、新材料研究方面部分研究领域有一定进展，但颠覆性和引领性绿色制造技术创新不足；绿色制造的相关产业还处于孕育和初期发展阶段。制造业绿色发展仍然任重道远。

本丛书面向构建未来经济竞争优势，进一步阐述了深化绿色制造前沿技术研究，全面推动绿色制造基础理论、共性关键技术与智能制造、大数据等技术深度融合，构建我国绿色制造先发优势，培育持续创新能力。加强基础原材料的绿色制备和加工技术研究，推动实现功能材料特性的调控与设计和绿色制造工艺，大幅度地提高资源生产率水平，提高关键基础件的寿命、高分子材料回收利用率以及可再生材料利用率。加强基础制造工艺和过程绿色化技术研究，形成一批高效、节能、环保和可循环的新型制造工艺，降低生产过程的资源能源消耗强度，加速主要污染排放总量与经济增长脱钩。加强机械制造系统能量效率研究，攻克离散制造系统的能量效率建模、产品能耗预测、能量效率精细评价、产品能耗定额的科学制定以及高能效多目标优化等关键技术问题，在机械制造系统能量效率研究方面率先取得突破，实现国际领先。开展以提高装备运行能效为目标的大数据支撑设计平台，基于环境的材料数据库、工业装备与过程匹配自适应设计技术、工业性试验技术与验证技术研究，夯实绿色制造技术发展基础。

在服务当前产业动力转换方面，持续深入细致地开展基础制造工艺和过程的绿色优化技术、绿色产品技术、再制造关键技术和资源化技术核心研究，研究开发一批经济性好的绿色制造技术，服务经济建设主战场，为绿色发展做出应有的贡献。开展铸造、锻压、焊接、表面处理、切削等基础制造工艺和生产过程绿色优化技术研究，大幅降低能耗、物耗和污染物排放水平，为实现绿色生产方式提供技术支撑。开展在役再设计再制造技术关键技术研究，掌握重大装备与生产过程匹配的核心技术，提高其健康、能效和智能化水平，降低生产过程的资源能源消耗强度，助推传统制造业转型升级。积极发展绿色产品技术，研究开发轻量化、低功耗、易回收等技术工艺，研究开发高效能电机、锅炉、内燃机及电器等终端用能产品，研究开发绿色电子信息产品，引导绿色消费。开展新型过程绿色化技术研究，全面推进钢铁、化工、建材、轻工、印染等行业绿色制造流程技术创新，新型化工过程强化技术节能环保集成优化技术创新。开展再制造与资源化技术研究，研究开发新一代再制造技术与装备，深入推进废旧汽车（含新能源汽车）零部件和退役机电产品回收逆向物流系统、拆解/破碎/分离、高附加值资源化等关键技术与装备研究并应用示范，实现机电、汽车等产品的可拆卸和易回收。研究开发钢铁、冶金、石化、轻工等制造流程副产品绿色协同处理与循环利用技术，提高流程制造资源高效利用绿色产业链技术创新能力。

在培育绿色新兴产业过程中，加强绿色制造基础共性技术研究，提升绿色制造科技创新与保障能力，培育形成新的经济增长点。持续开展绿色设计、产品全生命周期评价方法与工具的研究开发，加强绿色制造标准法规和合格评判程序与范式研究，针对不同行业形成方法体系。建设绿色数据中心、绿色基站、绿色制造技术服务平台，建立健全绿色制造技术创新服务体系。探索绿色材料制备技术，培育形成新的经济增长点。开展战略新兴产业市场需求的绿色评价研究，积极引领新兴产业高起点绿色发展，大力促进新材料、新能源、高端装备、生物产业绿色低碳发展。推动绿色制造技术与信息的深度融合，积极发展绿色车间、绿色工厂系统、绿色制造技术服务业。

非常高兴为本丛书作序。我们既面临赶超跨越的难得历史机遇，也面临差距拉大的严峻挑战，唯有勇立世界技术创新潮头，才能赢得发展主动权，为人类文明进步做出更大贡献。相信这套丛书的出版能够推动我国绿色科技创新，实现绿色产业引领式发展。绿色制造从概念提出至今，取得了长足进步，希望未来有更多青年人才积极参与到国家制造业绿色发展与转型中，推动国家绿色制造产业发展，实现制造强国战略。

中国机械工业集团有限公司　陈学东
2021 年 7 月 5 日于北京

绿色制造是绿色科技创新与制造业转型发展深度融合而形成的新技术、新产业、新业态、新模式，是绿色发展理念在制造业的具体体现，是全球新一轮工业革命和科技竞争的重要新兴领域。

我国自20世纪90年代正式提出绿色制造以来，科学技术部、工业和信息化部、国家自然科学基金委员会等在"十一五""十二五""十三五"期间先后对绿色制造给予了大力支持，绿色制造已经成为我国制造业科技创新的一面重要旗帜。多年来我国在绿色制造模式、绿色制造共性基础理论与技术、绿色设计、绿色制造工艺与装备、绿色工厂和绿色再制造等关键技术方面形成了大量优秀的科技创新成果，建立了一批绿色制造科技创新研发机构，培育了一批绿色制造创新企业，推动了全国绿色产品、绿色工厂、绿色示范园区的蓬勃发展。

为促进我国绿色制造科技创新发展，加快我国制造企业绿色转型及绿色产业进步，中国机械工程学会和机械工业出版社联合中国机械工程学会环境保护与绿色制造技术分会、中国机械工业联合会绿色制造分会，组织高校、科研院所及企业共同策划了"绿色制造丛书"。

丛书成立了包括李培根院士、徐滨士院士、卢秉恒院士、王玉明院士、黄庆学院士等50多位顶级专家在内的编委会团队，他们确定选题方向，规划丛书内容，审核学术质量，为丛书的高水平出版发挥了重要作用。作者团队由国内绿色制造重要创导者与开拓者刘飞教授牵头，陈学东院士、单忠德院士等100余位专家学者参与编写，涉及20多家科研单位。

丛书共计32册，分三大部分：① 总论，1册；② 绿色制造专题技术系列，25册，包括绿色制造基础共性技术、绿色设计理论与方法、绿色制造工艺与装备、绿色供应链管理、绿色再制造工程5大专题技术；③ 绿色制造典型行业系列，6册，涉及压力容器行业、电子电器行业、汽车行业、机床行业、工程机械行业、冶金设备行业等6大典型行业应用案例。

丛书获得了2020年度国家出版基金项目资助。

丛书系统总结了"十一五""十二五""十三五"期间，绿色制造关键技术与装备、国家绿色制造科技重点专项等重大项目取得的基础理论、关键技术和装备成果，凝结了广大绿色制造科技创新研究人员的心血，也包含了作者对绿色制造前沿探索的思考与体会，为我国绿色制造发展提供了一套具有前瞻性、系统性、实用性、引领性的高品质专著。丛书可为广大高等院校师生、科研院所研发人员以及企业工程技术人员提供参考，对加快绿色制造创新科技在制造业中的推广、应用，促进制造业绿色、高质量发展具有重要意义。

当前我国提出了 2030 年前碳排放达峰目标以及 2060 年前实现碳中和的目标，绿色制造是实现碳达峰和碳中和的重要抓手，可以驱动我国制造产业升级、工艺装备升级、重大技术革新等。因此，丛书的出版非常及时。

绿色制造是一个需要持续实现的目标。相信未来在绿色制造领域我国会形成更多具有颠覆性、突破性、全球引领性的科技创新成果，丛书也将持续更新，不断完善，及时为产业绿色发展建言献策，为实现我国制造强国目标贡献力量。

中国机械工程学会　宋天虎
2021 年 6 月 23 日于北京

前　言

我国能耗和碳排放居世界首位，根据《联合国气候变化框架公约》的要求，中国作为碳排放大国，向全世界发表了《强化应对气候变化行动——中国国家自主贡献》，明确提出 2030 年需实现单位国内生产总值二氧化碳排放比 2005 年下降 60% ~ 65% 的目标。同时，2021 年国家主席习近平出席领导人气候峰会并发表重要讲话，正式宣布中国将力争 2030 年前实现"碳达峰"、2060 年前实现"碳中和"，这是中国基于推动构建人类命运共同体的责任担当和实现可持续发展的内在要求作出的重大战略决策。

制造业作为全球经济发展中一个不可缺少的角色，在将原材料变为产品的制造过程中，以及在产品的使用和处理过程中，产生了大量的能源消耗及废弃物的排放，加剧了全球资源能源紧缺和环境污染问题。机械加工行业是我国制造业的重要支柱产业，长期呈高速粗放式发展，导致能耗总量激增，碳排放控制形势极为严峻，发展绿色制造势在必行。机械加工过程能量消耗主要涉及机床能耗、工艺能耗，以及由多机床与多工艺构成的机械加工车间能耗等方面，并且具有多能量源、多运行状态以及复杂能耗等特性。这对机械加工过程中能耗监测与节能优化提出了挑战。

本书共分为 5 章，主要内容按机械加工过程能耗概述、能耗监测、能耗建模、机械加工车间能耗评估与能耗优化展开。第 1 章概述，主要介绍了制造业能耗、机械加工过程能耗及其国内外研究现状；第 2 章机械加工设备能耗监测，主要介绍了加工设备的能耗构成、多能量源可配置的能耗监测方法及其系统实现；第 3 章机械加工过程能耗建模，主要从加工设备、加工工艺与加工工件的角度对能耗建模方法进行了介绍；第 4 章机械加工车间能耗评估，主要介绍了机械加工车间能量流分析、机械加工车间能耗层次化和对象化建模评估方法；第 5 章机械加工车间能耗优化，主要对机械加工车间能耗优化问题进行了描述，并介绍了机械加工车间能耗优化方法以及相应的能耗优化支持系统。

本书有关研究工作得到国家科技支撑计划、863 计划与国家自然科学基金的资助。本书的编写与出版得到国家出版基金项目的支持，在此一并表示由衷的感谢。

本书在取材方面力求资料新颖、涉猎面广，文字表述力求简洁，以达到既为读者提供更多新的信息，又能实现通俗易懂的目的。由于作者水平有限，书中难免存在不妥之处，欢迎广大读者批评和指正。

作　者

2021 年 6 月

目录 CONTENTS

丛书序一

丛书序二

丛书序三

前言

第1章 概述 ……………………………………………………………………… 1

1.1 制造业能耗概述 ………………………………………………………… 2

1.2 机械加工过程能耗 ……………………………………………………… 3

1.3 机械加工过程能耗国内外研究现状 ………………………………… 4

    1.3.1 机械加工过程能耗建模与评估研究现状 ……………………… 4

    1.3.2 机械加工过程能耗优化与调控研究现状 ……………………… 7

    参考文献 ……………………………………………………………… 9

第2章 机械加工设备能耗监测 ……………………………………………… 17

2.1 机械加工设备能耗构成 ……………………………………………… 18

2.2 加工设备多能量源可配置能耗监测方法 ………………………… 21

    2.2.1 机械加工设备多能量源可配置需求 ………………………… 21

    2.2.2 机械加工设备能耗监测方法 ………………………………… 22

2.3 机械加工设备能耗监测方法的系统实现 ………………………… 27

    2.3.1 系统框架及功能结构 ………………………………………… 27

    2.3.2 系统硬件平台搭建 …………………………………………… 33

    2.3.3 系统实现 ……………………………………………………… 38

    参考文献 ……………………………………………………………… 48

第3章 机械加工过程能耗建模 ……………………………………………… 51

3.1 机械加工设备能耗建模 ……………………………………………… 52

    3.1.1 机械加工设备的能耗特性 …………………………………… 52

    3.1.2 基于数控代码的机械加工设备能耗建模 …………………… 55

    3.1.3 面向动态仿真的机械加工设备能耗建模 …………………… 69

3.2 机械加工工艺能耗建模 ……………………………………………… 102

    3.2.1 车削加工工艺能耗建模 ……………………………………… 102

    3.2.2 铣削加工工艺能耗建模 ……………………………………… 109

3.3 机械加工工件能耗建模 ························ 113
    3.3.1 机械加工工件能耗建模框架 ················· 113
    3.3.2 机械加工工件特征识别 ··················· 114
    3.3.3 工件特征参数提取 ····················· 115
    3.3.4 机械加工工件能耗模型 ··················· 118
    3.3.5 案例分析 ························· 124
  参考文献 ···························· 127

第4章 机械加工车间能耗评估 ·················· 131
4.1 机械加工车间能量流分析 ···················· 132
    4.1.1 机床设备层能量流分析 ··················· 132
    4.1.2 任务流程层能量流分析 ··················· 133
    4.1.3 辅助生产层能量流分析 ··················· 134
4.2 机械加工车间能耗层次化建模评估方法 ·············· 134
    4.2.1 空间维能耗模型 ······················ 134
    4.2.2 时间维能耗模型 ······················ 136
4.3 机械加工车间能耗对象化建模评估方法 ·············· 138
    4.3.1 基于任务流的机械加工车间能耗评估方法 ·········· 138
    4.3.2 基于动态环境的机械加工车间能耗评估方法 ········· 145
  参考文献 ···························· 159

第5章 机械加工车间能耗优化 ·················· 161
5.1 机械加工车间能耗优化问题描述 ················· 162
    5.1.1 机械加工车间柔性特征描述 ················· 162
    5.1.2 机械加工车间能耗构成分析 ················· 163
    5.1.3 节能优化问题的提出 ···················· 164
5.2 机械加工车间能耗优化方法 ··················· 165
    5.2.1 面向柔性工序和次序的节能优化方法 ············ 165
    5.2.2 面向柔性工艺路线的节能优化方法 ············· 172
5.3 机械加工车间能耗优化支持系统 ················· 178
  参考文献 ···························· 195

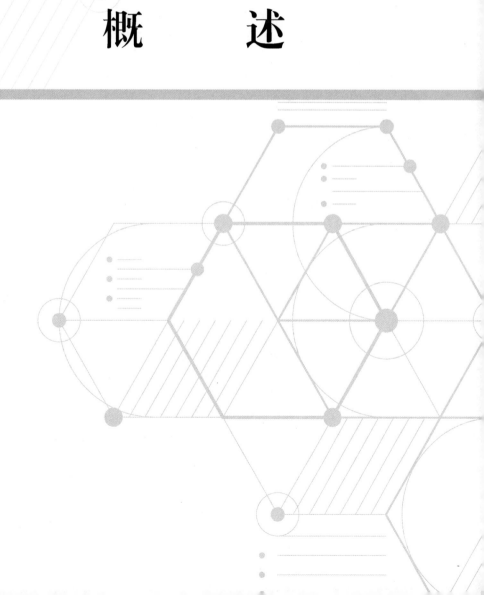

第 1 章

———

概　　述

1.1 制造业能耗概述

能源是国民经济发展的基础，各行各业的发展都离不开能源。当今世界经济高速发展，各国对能源的需求越来越大，而全球的能源储量非常有限。同时，能源消耗对地球生态环境也产生了严重的影响。随着世界范围内人口的增长，全球能源的消耗量也在日益增加。国际能源署在 2017 年 11 月发布了《2017 年世界能源展望》，报告认为，到 2040 年时，全球每年的能源需求将增加 30%，相当于中国和印度当前的能源消耗量总和。此外，能源需求的增加导致与能源相关的二氧化碳排放（energy-related carbon dioxide emissions）持续增加，会进一步加重当前的环境负担。美国能源信息管理局（Energy Information Administration，EIA）于 2019 年 2 月发表的《2019 年能源展望》指出：由于能源需求的增加，从 1990 年到 2018 年使用天然气发电产生的二氧化碳排放增长了近 50%，使用石油发电产生的二氧化碳排放增长了近 15%。据英国 BP 集团 2014 年 1 月在英国发布的《BP2035 世界能源展望》报告预测，到 2035 年，全球能源消费将增加 41%，其中的 95% 将来自快速发展的新兴经济体，中国作为最大的新兴经济体能源消耗量巨大。2021 年国家主席习近平出席领导人气候峰会并发表重要讲话，正式宣布中国将力争 2030 年前实现碳达峰、2060 年前实现碳中和，这是中国基于推动构建人类命运共同体的责任担当和实现可持续发展的内在要求作出的重大战略决策。现阶段，能源消耗与经济发展的长期均衡，不仅要求能源消耗总量可以适应经济结构转型的需求，还要求能源结构的优化可以适应自然环境的可持续发展。

制造业在将物料资源转化为产品的过程中，以及在产品的使用和处理过程中，不仅消耗大量的能量，而且还排放大量的废弃物，进而严重影响全球环境。我国的资源消耗也非常巨大，据统计，尽管中国占全球国内生产总值（GDP）的比重仅为 10%，但 2010 年中国铝消费量占全球的 37%，锌消费量占全球的 46%，铜消费量占全球的 38%。据《2020 年国民经济和社会发展统计公报》数据显示，2020 年全国能源消费总量达到 49.8 亿 t 标准煤，同比增长 2.2%。其中，制造业作为我国能源消耗和碳排放的主要行业，其能耗和碳排放在第二产业中占到 2/3，在我国能耗总量以及碳排放总量中亦占到 1/3。此外，中国是全球制造业第一大国，随着制造强国战略的深入实施，中国制造业规模持续快速增长，成为碳排放的另一个重要来源。要完成 2030 年前实现碳达峰、2060 年前实现碳中和的目标，形势十分严峻。因此，制造业作为高能耗产业，减少其能耗不仅是因为日益增长的企业生产运作成本，同时也是全球低碳发展的趋势。

为了缓解当前制造业飞速增长的能量需求，我国政府相继出台了大量政策法规。2015 年 10 月在北京召开的十八届五中全会将"绿色"列为我国五大发展理念之一。2015 年 5 月,《中国制造 2025》发展战略正式发布,战略将全面推行绿色制造作为重要任务,以推动我国制造业高质量发展。《中国制造 2025》明确提出了"创新驱动、质量为先、绿色发展、结构优化、人才为本"的基本方针,将"绿色制造工程"作为重点实施的五大工程之一,部署全面推行绿色制造,努力构建高效、清洁、低碳、循环的绿色制造体系。2017 年工业和信息化部先后发布了《2017 年工业节能与综合利用工作要点》及《工业节能与绿色标准化行动计划(2017—2019 年)》,对中国绿色制造的发展做出了指导,并提出了具体要求,将工业节能及绿色标准的制定作为重要工作内容。2021 年 3 月国务院总理李克强在第十三届全国人民代表大会第四次会议上指出,将"扎实做好碳达峰、碳中和各项工作"列为 2021 年重点工作之一。由上述可见,节能减排是我国制造业重要的科技发展战略方向。

1.2 机械加工过程能耗

机械加工过程实质上是通过不同的金属切削机床去除零件毛坯上的材料的过程,这种去除材料的过程伴随着大量物料和能源消耗。在机械加工过程中,物料作为输入,包括工件原材料以及辅料,而产品和废弃物作为输出;能量(主要以电能的形式)作为输入,转化为有用的加工运动,并以产品和废弃物形成所消耗的能量以及废弃热量作为输出。机械加工过程能量与材料输入/输出关系如图 1-1 所示。

机械加工过程能量消耗主要可以划分为设备层级的能耗,工艺层级的能耗,以及由多机床与

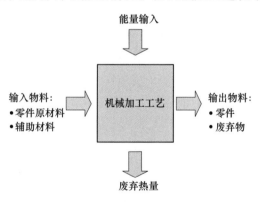

图 1-1 机械加工过程能量与材料输入/输出关系

多工艺构成的车间层级的能耗,其中,机械加工设备层级的能耗是指设备及其耗能部件(如主轴电机、进给轴电机、控制系统、冷却和润滑单元、驱动系统等)在加工过程中所消耗的能量;机械加工工艺层级的能耗主要关注于机械加工工艺的材料去除过程所消耗的能量;机械加工车间层级的能耗主要是指由多机床、多工艺构成的制造系统,在生产运行过程中所产生的能量消耗,不仅包含了加工设备消耗的能量,还会涉及加工或生产相关的外围设备,如物料运输设备等消耗的能量。

1.3 机械加工过程能耗国内外研究现状

1.3.1 机械加工过程能耗建模与评估研究现状

近年来，随着制造业能耗和环境问题的日益严峻以及全球低碳化形势的发展，机械加工过程能耗成为绿色制造领域的热点问题之一。目前的研究主要从设备层、工艺层和车间层三个层次对机械加工能耗建模与评估进行展开。

1. 设备层

机械加工设备的能耗问题是一个多学科问题，不仅涉及机械加工领域，如工件材料、切削功率、刀具材料等，还涉及电机以及伺服控制技术，而且还涵盖了液压控制多个领域。在美国、欧洲、日本等发达国家和地区，机械加工设备的能耗已受到广泛关注，特别是在欧洲，其颁布的一系列能耗指令、标准推动了大量的机械加工设备能耗研究。

美国麻省理工学院的"环境友好制造"（Environmentally Benign Manufacturing）研究团队对机械加工过程中的资源（重点是能源）消耗及环境影响做了大量的研究，从热动力学的角度研究了机械加工设备加工过程的能耗特征，并将其应用于产品制造过程的能耗评估。普渡大学研究团队开展了机械加工设备能耗建模方法的研究，提出了一种数控磨床的参数化能耗模型，用于获取生命周期评估的清单数据。加利福尼亚大学伯克利分校研究团队与日本Mori Seiki 公司、美国机床技术研究基金会（MTTRF）等机构合作，开展了铣床比能耗建模方面的研究，其建立的机床比能模型可以帮助产品设计人员在设计阶段对机床设备加工能耗进行评估，从而替代通过直接测量的方式评估机床设备的加工能耗。

欧洲的罗马尼亚布加勒斯特综合大学研究团队最早在 2003 年就展开了对铣床能耗的研究，他们采用响应曲面法建立了机床能效与加工参数的关系模型，用于加工能耗的评估以及加工参数的优化。德国达姆施塔特工业大学研究团队对机床层和部件层的能耗进行了建模，主要用于对特定机床的加工任务进行能耗评估。德国斯图加特大学主要针对机床能耗进行了仿真建模，他们所建立的机床能耗模型可用于分析机床及各耗能部件的能耗与其运行状态的关系，并为加工参数节能优化、机床配置的节能优化以及能耗战略决策提供基础。此外，瑞士联邦理工大学研究机构专门针对机床及其耗能部件在不同的运行状态的能耗特征进行了建模，以帮助机床设计人员从提高能效的角度对部件进行优化和选择。

日本 Mori Seiki 公司主要采用试验方法对机床能耗进行了建模，用于分析不同切削条件对机床能耗的影响，通过对切削参数进行修正进而减少能耗，所建立的模型适用于钻削、铣削和深孔加工等工艺的能耗评估。

国内目前也开展了与机械加工设备能耗相关的研究，上海交通大学研究团队基于平均切削力分别建立了切削能耗模型和平均切削比能模型。重庆大学研究团队对机床主传动系统的能耗特征进行了研究，建立了数控机床主传动系统等主要耗能环节的能耗模型，进一步集成考虑机床多能量源的能耗特征，将能耗研究扩展到整个机床。哈尔滨工业大学研究团队提出了一种基于机械加工过程的热平衡和经验模型的改进的铣削能耗模型，用于分析工艺参数和用于材料去除的能耗之间的关系。

▶▶ **2. 工艺层**

机械加工过程的能量消耗除了与机床设备密切相关外，加工工艺参数也会对能耗产生重要的影响。用于去除工件材料的切削加工工艺是制造业的重要组成部分，而加工工艺大多是耗能大并且能效较低的，研究表明切削加工工艺的能效通常低于30%。此外，切削加工工艺中机床消耗的能量一般比其他制造工艺（如激光加工、焊接等）消耗的能量要大。因此，国内外研究机构从工艺层的角度对切削加工能耗进行建模分析。

切削加工过程中切削比能的研究是加工工艺切削能耗建模研究的重点。切削比能为去除单位材料体积（如 $1cm^3$）所消耗的能量，可表示为切削能耗与材料去除体积的比值。美国麻省理工学院研究团队指出，机床的切削比能主要受材料切除率影响，并且切削比能是变化的。美国加利福尼亚大学伯克利分校研究团队测量了一台小型加工中心在不同材料切除率下切削低碳钢时的机床能量需求，并通过实验将机床比能表示为材料切除率的函数。新加坡国立大学研究了槽铣削工艺的运动几何及力学原理，建立切削比能与工艺参数间的解析映射数学模型，用于预测铣削过程的切削比能，进而分析不同工艺参数下切削比能的变化趋势。澳大利亚新南威尔士大学研究团队将机床视为一个整体，通过测量不同切削条件下的功率获得了机床的比能模型，同时提出了一种能够预测在干切削和湿切削环境下多台机床切削能耗的方法。印度理工学院分别研究了材料去除断裂过程中的剪切以及犁耕效应能耗，进而建立了高速车削过程中的切削比能解析预测模型。国内山东大学研究团队基于材料去除断裂机理，研究了切削过程中的材料塑性变形能耗、刀具工件摩擦能耗以及切屑流动能耗，建立了材料去除过程的切削比能解析预测模型，分析了工艺参数对切削比能的影响机制。重庆大学研究团队提出一种基于旋风铣削材料去除机理的切削比能预测分析模型，通过计算材料去除量和切削力，建立作为已识别切削参数函数的分析模型。

在加工工艺能耗评估方面，美国加利福尼亚大学研究团队分析了在车削工艺和铣削工艺中，工艺能耗与切削速度、进给量、切削深度等切削参数间的作用关系，建立了基于切削参数的工艺能耗数学模型；同时还建立了一种表面精磨削加工过程的集成模型，用于对不同加工表面和工艺参数下的磨削过程能量消耗进行评估。日本株式会社科研团队对铣削加工工艺能耗进行研究，分析了切削条件如刀具角度和切削速度等因素对工艺能耗的影响，通过实验的方法获得优化加工能耗的倾斜角度。英国曼彻斯特大学研究团队建立了车削过程机床的总能耗与车削条件的函数模型，旨在获得优化车削能耗和碳足迹的切削条件。国内哈尔滨工业大学研究团队基于热平衡和经验模型，提出了一种改进的能耗模型来描述材料去除过程中过程变量与能耗之间的关系，改进后的模型能够对给定工艺参数下的能耗进行可靠的预测。

▶▶ 3. 车间层

机械加工车间的能量消耗是一个十分复杂的过程，受生产任务和加工条件的影响，蕴含着各种动态多变的能耗特征及规律。虽然对机械加工设备的能耗进行研究是非常必要的，但是为了了解机械加工车间的能耗特征，仅仅从机械加工设备的能耗角度研究是不够的，需要从车间层面对整个机械加工车间的能耗进行综合分析。为此，国内外研究团队从车间层面提出了一些对机械加工车间能耗进行分析的方法。

德国斯图加特大学研究团队分析了机械加工车间及机械加工设备的能耗与其运行状态之间的关系，并采用统计离散事件建模方法对机械加工车间的能耗行为进行建模，用于实时决策、战术决策和战略决策中，以便发现更多的节能潜力。德国布伦瑞克工业大学研究团队提出了一种基于任务加工过程链的机械加工车间的能耗建模方法，可对车间的能量源进行分类和制定优先级，以便系统地分析车间最有可能的节能潜力。德国柏林工业大学研究团队将机械加工设备每个运行状态的具体能耗分解成能量块（Energy Block），实现了对机械加工车间加工每项任务的能耗进行建模。英国拉夫堡大学研究团队从产品的角度对机械加工车间的能量流进行建模，提出了一种 EPE（embodied product energy）模型，该模型利用车间层和工艺层的能耗数据对工件加工过程的能耗进行分解，方便工艺设计人员在满足生产需求的前提下选择节能材料和节能工艺。英国克兰菲尔德大学研究团队提出了一种集成物料流、能量流和废物流的机械加工车间的建模方法，可辅助识别和选择环境友好的策略以实现可持续制造。

国内重庆大学研究团队针对相同的加工任务选择不同的工艺方案会产生不同的能量消耗问题，提出了一种面向加工任务的机械加工车间的能耗建模方法。南昌大学研究团队考虑了加工任务的机床选择，采用着色 Petri 网（CPN）从生产任务流的角度对机械加工车间的能耗进行了建模分析。浙江大学研究团队从车间层的角度对机械加工能耗建模进行了相应的研究工作。

▶▶ 1.3.2　机械加工过程能耗优化与调控研究现状

随着绿色制造研究的发展，以减少机械加工过程的能量消耗为目标的相关研究，逐渐成为能耗优化与调控的主要研究内容。由机床能耗的分解可知，只有 10%的能量用于直接切除材料，其余能量都被机床辅助功能和部件消耗。此外，大量能耗被消耗在机床加工的待机阶段，美国麻省理工学院研究团队在丰田汽车公司的实验结果指出，大约仅有 14.8%的能耗被用于工件的材料去除。Bladh 等人的研究也表明，缩短机床加工等待和开停机时间能够获得 10%~25%的节能潜力。因此，从设备层、工艺层与车间层开展的节能优化相关问题的研究已开始受到国内外研究机构的关注。

▶▶ 1. 设备层

通过对机床耗能部件进行高能效改造可以提高机床的能量利用率。比利时鲁汶大学研究团队的研究结果显示，通过使用高能效部件可以减少 65%的部件待机能耗。意大利帕多瓦大学研究团队对机床辅助系统提出了一种快速决策工具，为工厂决策是否需要对辅助设备进行变速驱动改造提供支持。通过机床的运行状态和部件的合理控制，可减少机床不必要的能量消耗。国内华中科技大学研究团队提出了一种用于预测离散制造系统能耗的多粒度模型，研究结果表明在合适的时间将处于空载的机床切换到待机或者停机状态可节约 26%的能耗。日本同志社大学研究团队提出了一种空载停止方法，用于降低数控机床伺服装置在空载阶段的能耗，结果显示用此方法可以减少数控机床空载能耗的 20%。德国亚琛工业大学研究团队提出了一种机床辅助设备状态优化控制模型来减少辅助设备在加工间隔中的能耗。美国威奇托州立大学和国内重庆大学研究团队均对数控机床相邻工步间空载运行时停机节能进行了研究。通过将加工过程中的能量（如热能、制动能）存储再利用的方式，可提高机床能量利用率。德国开姆尼茨工业大学研究团队建立了一个机床驱动系统模型，并分析了驱动系统通过制动能量存储系统节能的节能潜力。此外，美国加利福尼亚大学伯克利分校研究团队建立了综合动能回复系统的机床主轴和工作台计算机模型，并测试了动能回复系统的性能，实现了加工每个工件 20.41%的节能效果。

▶▶ 2. 工艺层

通过优化工艺参数（如加工参数、刀具参数），可以有效减少机床能耗。墨西哥蒙特雷科技大学研究团队建立了车削加工的能耗模型，并指出可通过优化切削参数来减少机床的加工能耗。日本精工株式会社研究团队通过对机床加工过程案例进行分析，指出优化工艺参数可以减少机床加工过程 66%的能耗，同时指出通过增大背吃刀量可减少加工能耗。罗马尼亚布加勒斯特大学研究团队采用曲面响应法建立了机床能效与工艺参数的关系模型，指出在满足加工要求的前提下，增加每齿进给量可以减少机床能耗。通过对加工任务、机床选择、工序的调度，可减小机床加工等待时间，提高机床的能量利用率。英国巴斯大学研究团队提出了一个引入能耗目标后的计算机数字控制（CNC）加工工艺规划验证框架，结果显示可将能耗目标引入到工艺规划中。国内重庆大学研究团队提出了一种新的基于碳排放模型的工艺规划方法来减少碳排放。同时，他们还提出了基于加工任务的机床可选择、工序次序可调整的能耗和时间为目标的调度节能优化模型，可提高机械加工车间中机床的能量利用率。

⏩ 3. 车间层

部分研究机构对单机系统的节能优化与调控问题展开了研究，提出了一些优化调控方法来降低待机能耗和机床加工功率曲线的尖峰阶段的能耗。美国威奇托州立大学研究团队研究了单机节能优化问题，利用一些调度规则进行单机节能优化减少待机能耗，他们还提出了一种同时考虑能耗和总延迟时间的节能优化框架。意大利米兰理工大学研究团队提出了加工阶段的单机节能优化调控的能量成本模型，该模型通过避免机床在高能量成本时段运行，以获得能量成本的降低。国内西北工业大学研究团队针对单台机床和待机阶段的能耗开展了研究，构建了一种基于工件到达和加工时间的多目标优化的配置模型，模型的目标包括减少碳排放和减少总完成时间。

针对流水线型车间节能优化问题，德国布伦瑞克工业大学研究团队提出了一种基于过程链的制造过程能耗仿真方法，通过对两条生产线上工件的生产总量和生产批量的合理优化来提高生产线的能量效率。意大利热那亚大学研究团队建立了一种混合整数规划模型，提出了一种面向柔性流水线型车间的"能量意识（energy-aware scheduling）"优化调控方法。美国威斯康星大学研究团队研究了加工启动和关闭对伯努利串行线的生产率和能耗性能的影响，利用马尔科夫模型分析和讨论了机床启停的安排对系统性能的影响。美国普渡大学与国内南京航空航天大学研究团队提出了集成考虑生产率［如加工完成时间（makespan）］和能量（如尖峰载荷、空载和碳足迹等）的多目标优化模型。

目前针对作业型机械加工车间的加工过程能耗优化与调控也进行了初步研究。国内重庆大学研究团队建立了一种基于批量分割及交货期约束的机床节能优化调控模型，进一步提出了一种针对加工机床可选择的加工任务节能优化方法。华南理工大学研究团队针对柔性制造车间节能优化运行的问题提出了一种以熵为生产方案的遗传算法。华中科技大学研究团队提出了一种同时考虑工件加工能耗和效率的动态再配置优化模型，并采用遗传算法对该动态优化问题进行求解。美国普渡大学研究团队针对生产能力和能耗为目标研究生产周期内机械车间的节能优化运行问题，提出了考虑工件加工工序能耗的节能优化调控模型。英国诺丁汉大学研究团队提出了一种将降低机床等待时段消耗的能量作为目标之一的多目标优化模型。在制造业全球低碳化发展的背景下，机械加工车间加工过程的能耗优化问题成为广泛关注的热点问题之一。目前机械加工车间能耗优化的相关研究主要集中在设备能耗及工艺能耗等方面，而对整个机械加工车间加工过程能耗的研究还很缺乏。而现有的机械加工车间能耗研究都是从生产任务流或机床设备等单一角度展开的，缺乏从系统建模的角度揭示机械加工车间复杂能耗过程的研究。因此，需要深入探讨合理的机械加工过程能耗优化与调控方法，最大程度地降低机械加工车间生产运行过程的能量消耗，从而为实现机械加工车间的节能优化提供基础理论和方法支持。

参 考 文 献

［1］ International Energy Agency. World energy outlook 2017 ［R］. Paris：OECD/IEA，2017.

［2］ U. S. Energy Information Administration. Annual energy outlook 2019 ［EB/OL］. ［2019-04-20］. https：//www. tealnr. com/sites/default/files/resourcesAnnualEnergyOutlook_0. pdf.

［3］ 赵旭.《BP 2035 能源展望》概要 ［J］. 石油与天然气地质，2014（2）：189.

［4］ 尹瑞雪. 基于碳排放评估的低碳制造工艺规划决策模型及应用研究 ［D］. 重庆：重庆大学，2014.

［5］ PARK C W，KWON K S，KIM W B，et al. Energy consumption reduction technology in manufacturing：a selective review of policies，standards，and research ［J］. International Journal of Precision Engineering & Manufacturing，2009，10（5）：151-173.

［6］ PUSAVEC F，KRAJNIK P，KOPAC J. Transitioning to sustainable production：part Ⅰ application on machining technologies ［J］. Journal of Cleaner Production，2010，18（2）：174-184.

［7］ PUSAVEC F，KRAMAR D，KRAJNIK P，et al. Transitioning to sustainable production：part Ⅱ evaluation of sustainable machining technologies ［J］. Journal of Cleaner Production，2010，18（12）：1211-1221.

［8］ GUTOWSKI T G，BRANHAM M S，DAHMUS J B，et al. Thermodynamic analysis of resources used in manufacturing processes ［J］. Environmental Science & technology，2009，43（5）：1584-1590.

［9］ EDGERTON N，COHEN C，SIDDIQUI M T. Energy consumption forecasting and optimisation for tool Machines ［J］. Mm Sci ence Journal，2009（1）：35-40.

［10］ ZHAO G Y，LIU Z Y，HE Y，et al. Energy consumption in machining：classification，prediction，and reduction strategy ［J］. Energy，2017，133（15）：142-157.

［11］ U. S. Environmental Protection Agency. Energy trends in selected manufacturing sectors：opportunities and challenge for environmentally preferable energy outcomes ［R］. ［S.I.］：U. S. Environmental Protection Agency Office of Policy，Economics and Innovation Sector Strategies Division, 2007, 3.

[12] Industrial Technologies Program [EB/OL]. [2021-09-21]. https：//www. energy. gov/diversity/downloads/eere-industrial-technologies-program.

[13] BLADH I. Energy Efficiency in Manufacturing [M]. Berlin European Commission：2009.

[14] 全国能源基础与管理标准化技术委员会能源管理分委员会. 企业能量平衡通则：GB/T 3484—2009 [S]. 北京：中国标准出版社，2009.

[15] 国家发展与改革委员会资源节约和环境保护司，国家标准化管理委员会工业标准一部. 综合能耗计算通则：GB/T 2589—2008 [S]. 北京：中国标准出版社，2008.

[16] EPTA Ltd. Study for preparing the first Working Plan of the EcoDesign Directive [R]. [S. l.：s. n.]，2007.

[17] SHENG P, BENNET D, THURWACHTER S, et al. Environmental-based systems planning for machining [J]. CIRP Annals-Manufacturing Technology, 1998, 47 (1)：409-414.

[18] GUTOWSKI T. Machining [R]. Cambridge：Massachusetts Institute of Technology, 2009.

[19] DUQUE C N, GUTOWSKI T G, GARETTI M. A tool to estimate materials and manufacturing energy for a product [C] // Sustainable Systems and Technology (ISSST), 2010 IEEE International Symposium on. New York：IEEE, 2010：1-6.

[20] DORNFELD D. Green issues in manufacturing：greening processes, systems and products [J]. Laboratory for Manufacturing and Sustainability, 2010：1-51.

[21] LAU H C W, CHENG E N M, LEE C K M, et al. A fuzzy logic approach to forecast energy consumption change in a manufacturing system [J]. Expert Systems with Applications, 2008, 34 (3)：1813-1824.

[22] CAI Y P, HUANG G H, LIN Q G, et al. An optimization-model-based interactive decision support system for regional energy management systems planning under uncertainty [J]. Expert Systems with Applications, 2009, 36 (2)：3470-3482.

[23] HERRMANN C, THIEDE S. Process chain simulation to foster energy efficiency in manufacturing [J]. CIRP Journal of Manufacturing Science and Technology, 2009, 1 (4)：221-229.

[24] AZADEH A, GHADERI S F, TARVERDIAN S, et al. Integration of artificial neural networks and genetic algorithm to predict electrical energy consumption [C] // Conference of the IEEE Industrial Electronics Society. New York：IEEE, 2006：2552-2557.

[25] DIETMAIR A, VERL A. A generic energy consumption model for decision making and energy efficiency optimization in manufacturing [J]. International Journal of Sustainable Engineering, 2009, 2 (2)：123-133.

[26] LI W, KARA S. An empirical model for predicting energy consumption of manufacturing processes：a case of turning process [J]. Proceedings of the Institution of Mechanical Engineers (Part B Journal of Engineering Manufacture), 2011, 225 (9)：1636-1646.

[27] DRAGANESCU F, GHEORGHE M, DOICIN C V. Models of machine tool efficiency and specific consumed energy [J]. Journal of Materials Processing Technology, 2003, 141 (1)：9-15.

[28] GUTOWSKI T, DAHMUS J, THIRIEZ A. Electrical energy requirements for manufacturing

processes［C］. Lueven：13th CIRP International Conference on Life Cycle Enginee-ring，2006.

［29］ BRECHER C，BÄUMLER S，JASPER D，et al. Energy efficient cooling systems for machine tools［C］. Leveraging Technology for a Sustainable World. Berlin Springer：2012：239-244.

［30］ ZEIN A，LI W，HERRMANN C，et al. Energy efficiency measures for the design and opera-tion of machine tools：an axiomatic approach［C］// Glocalized Solutions for Sustainability in Manufacturing：Proceedings of the 18th CIRP International 274 Conference on Life Cycle Engi-neering. Braunschweig：Technische Universität Braunschweig，2011.

［31］ KORDONOWY D N. A power assessment of machining tools［D］. Cambridge：Massachusetts Institute of Technology，2002.

［32］ LV J X，TANG R Z，JIA S. Methodology for calculating energy consumption of a machining process［J］. Advanced Manufacturing Technology，ICMSE 2012，2012.

［33］ AVRAM O，XIROUCHAKIS P. Evaluating the use phase energy requirements of a machine tool system［J］. Journal of Cleaner Production，2011，19（6）：699-711.

［34］ 卢艳军. 数控机床状态监测系统的研究［J］. 制造业自动化，2008，30（8）：34-36.

［35］ 宋文学，石毅. 数控机床运行状态远程监测和故障诊断系统实现［J］. 微电机，2010，（5）：100-102.

［36］ TAMAS S. Automatic cutting-tool condition monitoring on CNC lathes［J］. Journal of Materials Processing Technology，1998，77：64-69.

［37］ TUGRULO Z，ABHIJIT N. Prediction of flank wear by using back propagation neural network modeling when cutting hardened H13 steel with chamfered and honed CBN tools［J］. Interna-tional Journal of Machine Tools & Manufacture，2002，42：287-297.

［38］ GHOSHA N，RAVIB Y B，PATRAC A. Estimation of tool wear during CNC milling using neu-ral network-based sensor fusion［J］. Mechanical Systems and Signal Processing，2007，21：466-479.

［39］ 沈爱群，倪中华，辛研. 面向数控机床的远程在线监测与故障诊断系统的研究［J］. 制造业自动化，2009，25（9）：37-39.

［40］ ALHOURANI F，SAXENA U. Factors affecting the implementation rates of energy and produc-tivity recommendations in small and medium sized companies［J］. Journal of Manufacturing Systems，2009，28（1）：41-45.

［41］ GONG Y，MA L. Research on estimation of energy consumption in machining process based on CBR［C］. IEEE International Conference on Industrial Engineering and Engineering Manage-ment. New York：IEEE，2011：334-338.

［42］ VERL A，ABELE E，HEISEL U，et al. Modular Modeling of Energy Consumption for Monito-ring and Control［C］. Glocalized Solutions for Sustainability in Manufacturing. Berlin：Springer，2011：341-346.

［43］ 刘志艳，苏景云. 一种用于车床主传动系统空载功率测量装置的设计［J］. 吉林化工学院学报，2006，23（2）：68-70.

［44］ 黄文帝. 数控机床主传动系统运行能耗状态在线监视系统研究［D］. 重庆：重庆大

学，2013.

[45] RAHÄUSER R, MEIER M, KLEMM P. Offene potentiale im kühlschmierstoffkreislauf：wt werkstattechnik online [J]. Jahrgang, 2012, 102：299-305.

[46] DUFLOU J R, SUTHERLAND J W, DORNFELD D, et al. Towards energy and resource efficient manufacturing：a processes and systems approach [J]. CIRP Annals-Manufacturing Technology, 2012, 61 (2)：587-609.

[47] KIRCHNER H, REHM M, QUELLMALZ J, et al. Energy efficiency measures for drive cooling system of a machine tool by use of physical simulation models [C]. 58th ILMENAU SCIENTIFIC COLLOQUIUM. Ilmenau：Technische Universität Ilmenau, 2014：1-13.

[48] FACCIO M, GAMBERI M. Energy saving in case of intermittent production by retrofitting service plant systems through inverter technology：a feasibility study [J]. International Journal of Production Research, 2014, 52 (2)：462-481.

[49] NEWMAN S T, NASSEHI A, IMANI-ASRAI R, et al. Energy efficient process planning for CNC machining [J]. CIRP Journal of Manufacturing Science and Technology, 2012, 5 (2)：127-136.

[50] YIN R X, CAO H J, LI H C, et al. A process planning method for reduced carbon emissions [J]. International Journal of Computer Integrated Manufacturing, 2014, 27 (12)：1175-1186.

[51] HE Y, LIU F. Methods for integrating energy consumption and environmental impact considerations into the production operation of machining processes [J]. Chinese Journal of Mechanical Engineering, 2010, 23 (4)：428-435.

[52] HE Y, LI Y F, WU T, et al. An energy-responsive optimization method for machine tool selection and operation sequence in flexible machining job shops [J]. Journal of Cleaner Production, 2015, 87：245-254.

[53] MORI M, FUJISHIMA M, INAMASU Y, et al. A study on energy efficiency improvement for machine tools [J]. CIRP Annals-Manufacturing Technology, 2011, 60 (1)：145-148.

[54] CICERI D N, GUTOWSKI T, GARETTI M. A tool to estimate materials and manufacturing energy for a product [C] // International Symposium on Sustainable Systems and Technology. New York：IEEE, 2010：1-6.

[55] DRAGANESCU F, GHEORGHE M, DOICIN C V. Models of machine tool efficiency and specific consumed energy [J]. Journal of Materials Processing Technology, 2003, 141 (1)：9-15.

[56] ODA Y, MORI M, OGAWA K, et al. Study of optimal cutting condition for energy efficiency improvement in ball end milling with tool-workpiece inclination [J]. CIRP Annals-Manufacturing Technology, 2012, 61 (1)：119-122.

[57] CAMPOSECO-NEGRETE C. Optimization of cutting parameters for minimizing energy consumption in turning of AISI 6061 T6 using Taguchi methodology and ANOVA [J]. Journal of Cleaner Production, 2013, 53：195-203.

[58] GÖTZE U, KORIATH HJ, KOLESNIKOV A, et al. Integrated methodology for the evaluation

of the energy- and cost-effectiveness of machine tools [J]. CIRP J Manuf Sci Technol, 2012; 5: 151-163.

[59] DIAZ N, HELU M, JARVIS A, et al. Strategies for minimum energy operation for precision machining [C] // Proceedings of the Machine Tool Technologies Research Foundation (MT-TRF) annual meeting 2009: July 8-9. Shanghai: MTTRF, 2009.

[60] PENG T, XU X. Energy-efficient machining systems: a critical review [J]. The International Journal of Advanced Manufacturing Technology, 2014, 72(9/10/11/12): 1389-1406.

[61] WANG J, LI S, LIU J. A multi-granularity model for energy consumption simulation and control of discrete manufacturing system [C] //The 19th International Conference on Industrial Engineering and Engineering Management. Berlin: Springer, 2013: 1055-1064.

[62] NAGAWAKI T, HIROGAKI T, AOYAMA E, et al. Application of idling stop technology for servo motors in machine tool operations to reduce electric power consumption [J]. Advanced Materials Research, 2014, 939: 169-176.

[63] SCHMITT R, BITTENCOURT J L, BONEFELD R. Modelling machine tools for self-optimisation of energy consumption [C] // Glocalized Solutions for Sustainability in Manufacturing: Proceedings of the 18th CIRP International 253 Conference on Life Cycle Engineering. Braunschweig: Technische Universität Braunschweig, 2011: 253-257.

[64] EBERSPÄCHERA P, VERLA A. Realizing energy reduction of machine tools through a control-integrated consumption graph-based optimization method [J]. Procedia CIRP, 2013, 7: 640-645.

[65] 施金良, 刘飞, 许弟建, 等. 数控机床空载运行时节能决策模型及实用方法 [J]. 中国机械工程, 2009 (11): 1344-1346.

[66] MOUZON G, TWOMEY M B Y J. Operational methods for minimization of energy consumption of manufacturing equipment [J]. International Journal of Production Research, 2010, 45 (18): 4247-4271.

[67] DAHMUS J, GUTOWSKI T. An environmental analysis of machining [C]. ASME international mechanical engineering congress and RD&D expo. New York: ASME, 2004: 13-19.

[68] GUTOWSKI T, DAHMUS J, THIRIEZ A, et al. A thermodynamic characterization of manufacturing processes [C]. Electronics & the Environment, Proceedings of the 2007 IEEE International Symposium on. IEEE. New York: IEEE, 2007: 137-142.

[69] MURRAY V R, ZHAO F, SUTHERLAND J W. Life cycle analysis of grinding: a case study of non-cylindrical computer numerical control grinding via unit-process life cycle inventory approach [J]. Proceedings of the Institution of Mechanical Engineers (Part B: Journal of Engineering Manufacture), 2012, 226 (10): 1604-1611.

[70] ABELE E, EISELE C, SCHREMS S. Simulation of the energy consumption of machine tools for a specific production task [C]. Leveraging Technology for a Sustainable World. Berlin: Springer, 2012: 233-237.

[71] EISELE C, SCHREMS S, ABELE E. Energy-efficient machine tools through simulation in the design process [C]. Glocalized Solutions for Sustainability in Manufacturing. Berlin: Springer,

2011：258-262.

［72］ABELE E，SIELAFF T，SCHIFFLER A，et al. Analyzing energy consumption of machine tool spindle units and identification of potential for improvements of efficiency ［C］. Glocalized Solutions for Sustainability in Manufacturing. Berlin：Springer，2011：280-285.

［73］DIETMAIR A，VERL A. Energy Consumption Forecasting and Optimization for Tool Machines ［J］. Modern Machinery Science Journal，2009，3（5）：62-67.

［74］DIETMAIR A，VERL A. A generic energy consumption model for decision making and energy efficiency optimisation in manufacturing ［J］. International Journal of Sustainable Engineering，2009，2（2）：123-133.

［75］BALOGUN V A，MATIVENGA P T. Modelling of direct energy requirements in mechanical machining processes ［J］. Journal of Cleaner Production，2013，41：179-186.

［76］刘飞，刘霜. 机床服役过程机电主传动系统的时段能量模型 ［J］. 机械工程学报，2012，48（21）：132-140.

［77］施金良，刘飞，许弟建，等. 变频调速数控机床主传动系统的功率平衡方程 ［J］. 机械工程学报，2010，46（3）：118-124.

［78］胡韶华，刘飞，何彦，等. 数控机床变频主传动系统的空载能量参数特性研究 ［J］. 计算机集成制造系统，2012，18（2）：326-331.

［79］HU S，LIU F，HE Y，et al. Characteristics of additional load losses of spindle system of machine tools ［J］. Journal of Advanced Mechanical Design，Systems，and Manufacturing，2010，4（7）：1221-1233.

［80］王秋莲，刘飞. 数控机床多源能量流的系统数学模型研究 ［J］. 机械工程学报，2013，49（7）：5-12.

［81］LI L，YAN J，XING Z. Energy requirements evaluation of milling machines based on thermal equilibrium and empirical modelling ［J］. Journal of Cleaner Production，2013，52：113-121.

［82］YAN J，FENG C，LI L. Sustainability assessment of machining process based on extension theory and entropy weight approach ［J］. The International Journal of Advanced Manufacturing Technology，2014，71(5/6/7/8)：1419-1431.

［83］HERRMANN C，THIEDE S，KARA S，et al. Energy oriented simulation of manufacturing systems-concept and application ［J］. CIRP Annals-Manufacturing Technology，2011，60（1）：45-48.

［84］THIEDE S，SEOW Y，ANDERSSON J，et al. Environmental aspects in manufacturing system modelling and simulation-State of the art and research perspectives ［J］. CIRP Journal of Manufacturing Science and Technology，2013，6（1）：78-87.

［85］SEOW Y，RAHIMIFARD S. A framework for modelling energy consumption within manufacturing systems ［J］. CIRP Journal of Manufacturing Science and Technology，2011，4（3）：258-264.

［86］SEOW Y，RAHIMIFARD S，WOOLLEY E. Simulation of energy consumption in the manufacture of a product ［J］. International Journal of Computer Integrated Manufacturing，2013，26（7）：663-680.

[87] WEINERT N, CHIOTELLIS S, SELIGER G. Methodology for planning and operating energy-efficient production systems [J]. CIRP Annals-Manufacturing Technology, 2011, 60 (1): 41-44.

[88] MOSE C, WEINERT N. Process chain evaluation for an overall optimization of energy efficiency in manufacturing-the welding case [J]. Robotics and Computer-Integrated Manufacturing, 2015, 34: 44-51.

[89] WANG Q, WANG X, YANG S. Energy modeling and simulation of flexible manufacturing systems based on colored timed Petri nets [J]. Journal of Industrial Ecology, 2014, 18 (4): 558-566.

第❶章

概

述

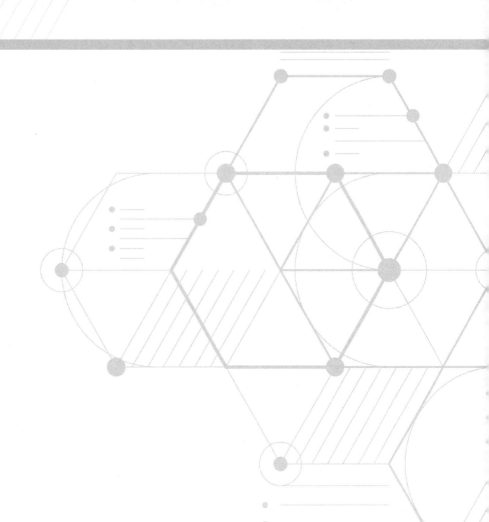

第 2 章

——

机械加工设备能耗监测

机械加工设备能耗监测是获取设备能耗实时数据的有效手段，能够为设备和加工过程能耗建模、评估与节能优化决策提供数据支持。因此，本章针对数控机床这类典型的机械加工设备能耗监测，对设备多耗能部件的可配置在线能耗监测理论与技术进行阐述，最后介绍机床能耗监测支持系统的开发与应用。

2.1　机械加工设备能耗构成

数控机床是制造业最重要的机械加工设备之一，加工过程中会消耗大量的能量。我国机床保有量居世界第一位。虽然单台机床能耗不高，但机床能耗的总量不容忽视。此外机床使用过程的能量效率十分低下。据国内外有关学者理论研究分析，目前机床能量平均利用率不到30%。面对目前的能源形势和有关法规与标准，特别是欧盟、美国等制定的能耗及环境标准，机械制造企业管理者逐渐认识到加强机床能耗监测管理并降低机床能量消耗的重要性。但因为无法获取机床能耗基础数据，从而难以分析和控制能耗成本支出。因此，迫切需要对数控机床进行能耗监测。数控机床能耗监测是机械加工过程节能优化的基础，获取机床能耗实时数据，可为机械加工过程的能耗建模、评估与节能优化决策提供数据支持。

数控机床的耗能部件一般可分为主轴驱动器（提供去除材料的动力）、伺服驱动器（带动工作台及刀具运动）、液压系统、外围系统（提供冷却、换刀等辅助功能）、冷却和润滑系统（提供润滑和油冷功能）、控制系统（将主轴转速及伺服进给数字控制信号转换成电信号）和辅助系统（计算机及显示器、照明、风扇）等。因此，一台数控机床的耗能部件主要是控制装置、执行机构（电机以及机械传动机构、液压元件）等，由多个电机或者液压泵等耗能元件构成了数控机床的多源能耗系统。根据部件的功率特性，一般可以将耗能部件定义为两种类型。第一种类型主要考虑部件是否充分激活，辅助系统一般属于这一类。液压泵的功率需求取决于预期的压力，由于机床液压油压力在待机和工作阶段保持不变，只有当卡盘松开时压力才会发生变化，因此，液压系统可视为静态部件。同样的原因，以恒定负荷连续工作的冷却和润滑系统也属于这一类部件。第二种类型的部件与动态变化的载荷相关。通常，主轴和伺服电动机在不同转速下运转，并且动态变化的转矩和负载要求驱动系统频繁进行调整，控制系统（如变频器）的功率需求也因此相应地变化。因此，主轴驱动器、伺服驱动器和相关的控制系统属于动态部件。

由ISO 14955-1：2017《机床　机床的环境评估　第1部分：节能机床的设计方法》可知，数控机床由多个耗能部件构成，主要涉及机床主轴电机、进给电机、辅助系统等多个耗能部件。所有电机在计算机控制系统的控制之下完成动作，如图 2-1 所示为 CK6136 数控车床的耗能部件示意图。电能从数控机床外部输入，经过电机电磁耦合作用，转化为加工机械产品所需的机械能。这些电能可以分成两部分：用来维持机床各耗能部件的正常运转；经过能量的传递和转化等，转化为分离金属工件的机械能和热量。主轴电机为去除材料提供能量，进给电机为工作台/刀具做曲线运动提供能量，换刀电机、冷却泵电机等为换刀、冷却、润滑等必要的辅助功能提供能量。从表 2-1 可以看出，一台数控机床主要由主轴驱动系统、进给驱动系统、液压系统、润滑与冷却系统、控制系统、辅助系统、外围系统等耗能部件构成了多源能耗系统。

此外，不同种类的数控机床的耗能部件数量也不同。表 2-2 和表 2-3 列出了两台数控机床的主要耗能部件及其额定功率。从表 2-2 和表 2-3 可以看出，即使功能不复杂的数控车床 C2-6136HK/1 耗能电机也有 8 个，加上驱动器和计算机等其他耗能元件，总耗能部件达 10 个以上；对于功能较为复杂的 5 坐标数控雕铣机 SMARTCNC500 而言，耗能电机或泵（其中润滑泵和冷却泵未统计）有 9 个，加上驱动器和计算机等其他耗能元件，总耗能部件超过 10 个。

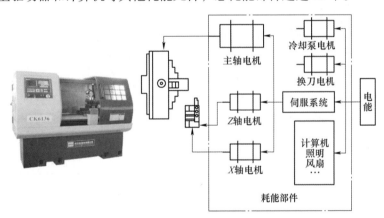

图 2-1　CK6136 数控车床的耗能部件示意图

表 2-1　数控机床耗能部件及其功能描述

能耗系统名称	主要耗能部件	功能描述
主轴驱动系统	主轴电机	带动刀具或者工件做高速旋转运动，并提供切削动力
进给驱动系统	N-轴进给电机	带动刀具或者工件沿进给轴方向做直线运动
液压系统润滑与冷却系统	尾座伺服电动机	旋转运动，并保持工件定位
	刀塔电机	换刀
	液压电机	提供夹紧动力
	冷却泵电机	提供切削液
	润滑泵电机	提供润滑液

（续）

能耗系统名称	主要耗能部件	功能描述
控制系统	主轴驱动器/变频器	将主轴的数控指令转换为电信号
	N-轴驱动器/变频器	将进给轴的数控指令转换为电信号
辅助系统	计算机及其显示器	数控程序处理及其显示
外围系统	灯	照明
	风扇	电控柜散热
	冷却泵	提供切削液
	排屑电机	排屑
	刀库电机	换刀

表 2-2　数控车床 C2-6136HK/1 主要耗能部件统计

名称	类型	型号	额定功率/kW	容量百分比（%）
主轴电机	变频电机	Y132S-5.5-4-B5	5.5	18.5
X 轴电机	交流伺服	βis8/3000	1.2	4.0
Z 轴电机	交流伺服	βis8/3000	1.2	4.0
冷却电机	三相异步	AB-25	0.05	0.2
刀架电机	三相异步	LDB4-C6132A	0.09	0.3
液压电机	三相异步	Y90L-4-B3	1.5	5.0
润滑泵	单相异步	TM-315AW	0.04	0.1
电柜风扇	单相异步	NEMA 12-4215	0.2	0.7
总功率			9.78	

表 2-3　精雕 SMARTCNC500 主要耗能部件统计

名称	类型	型号	额定功率/kW	容量百分比（%）
主轴电机	变频电机	JD100-28-ISO25/A	2.3	36.8
X 轴电机	交流伺服	HC-KFS-43	0.4	6.4
Y 轴电机	交流伺服	HC-KFS-73	0.75	12.0
Z 轴电机	交流伺服	HC-KFS-43B	0.4	6.4
A 轴	交流伺服	HC-SFS152B	1.5	24.0
C 轴	交流伺服	HC-KFS43	0.4	6.4
冷却电机	三相异步	AB-12	0.04	0.6
电柜风扇	单相异步	YWF4T-550	0.09	1.4
水泵		PQ60	0.37	5.9
总功率			6.25	

综上所述，数控机床耗能部件多，每个耗能部件的能耗复杂且各不相同，导致数控机床能耗规律十分复杂。采用传统的机理建模方式去深入了解机床能耗特征较为困难，需要通过监测等手段才可以进行。

2.2 加工设备多能量源可配置能耗监测方法

加工设备多能量源可配置能耗监测方法可以根据需要监测机床的不同数量和信息的耗能部件，进行机械加工能耗监测的灵活配置，从而实现对数控机床不同耗能部件能耗状态的实时在线监测和分析。

2.2.1 机械加工设备多能量源可配置需求

1. 耗能部件数量配置

数控机床是计算机数字控制机床（computer numerical control machine tools）的简称，是一种装有程序控制系统的自动化机床，该控制系统能够逻辑地处理具有使用代码或其他符号编码指令规定的程序。换言之，数控机床是一种采用计算机，利用数字信息进行控制的高效、能自动化加工的机床，它能够按照机床规定的数字代码（NC 代码），把各种机械位移量、工艺参数、辅助功能（如刀具交换、切削液开与关等）表示出来，经过数控系统的逻辑处理与运算，发出各种控制指令，实现要求的机械动作，自动完成零件的加工任务。

在实际生产过程中，数控机床在计算机控制系统的控制下，经运算处理由数控装置发出各种控制信号，控制机床各个运动部件的动作。机床的每一个运动部件都需要消耗能量。因此，机床可以看作是由多个耗能部件组合在一起以实现某种特定功能的机器，每个耗能部件执行某种特定的动作，以使整个机床实现更为复杂的功能。日本名古屋工业大学研究团队将机床耗能部件划分为伺服系统、主轴电机、冷却系统、空气压缩机、切削电机、换刀电机和其他部件。从能耗角度来看数控机床的整个工作过程，可以分为以下几个方面：主轴电机提供切削动力去除材料；进给电机带动工作台/刀具做曲线运动；换刀电机、冷却泵电机等提供换刀、冷却、润滑等必要的辅助功能；所有这些电机在数控系统的控制之下完成加工过程。因此，数控机床所有耗能部件可以分为如下能耗子系统：主轴驱动、伺服驱动、液压系统、外围设备、冷却与润滑系统、控制系统和辅助系统，它们的组成和功能描述见表 2-1。表 2-2 和表 2-3 列出了 C2-6136HK/1 和 SMARTCNC500 两台数控机床的主要耗能部件，且在实际加工过程中不同机床的不同耗能部件的功率会有所不同。C2-6136HK/1 数控车床有 8 个耗能部件，而精雕 SMARTCNC500 有 9 个耗能部件。不同种类的数控机床的耗能部件数量也不同。

因此，针对机械加工设备进行能耗监测，开发的机械加工能耗监测系统需要实现对机床多耗能部件进行多源能耗数据采集，获取不同类型机床各部件的能耗分布情况，即机床和部件能耗信息、机床各系统能耗信息等。

2. 能耗信息配置

机床的整个生命周期（从加工制造到报废）中，使用阶段对环境的影响最大，占总影响的 94%～99%，各种影响中，机床耗电所带来的环境影响占其中主要部分，对机床环境研究表明，99% 以上的环境影响由电能的消耗引起。为降低机床的能耗，不同人员可采取不同的节能措施，但在采取节能措施之前，需要获得相关的能耗信息支持。

在机床设计阶段，设计人员可以采用许多方法来提高机床的能效，例如利用各种技术降低机床可移动部件质量、增加机床功能、提高机床材料去除率。ISO 14955-1 指出一般机床在选用电机时选用功率过大，导致能源浪费，同时给出了机床各个部件的节能潜力和措施。由此可见，机床设计人员需要获取机床加工过程各耗能部件的能耗信息以及机床能耗信息，才能分析出影响机床加工过程的主要耗能部件，以便选购低耗能部件设计出高效节能机床。众多机床零部件生产商为生产低耗能部件要关注相应部件的能耗信息。如生产变频液压泵和冷却泵实现按需提供流量，则需监测冷却部件的能耗信息。

在机床运行阶段，采取各种组织管理措施达到间接节能的目的。重庆大学研究团队研究表明，如果一项任务需要多台机床参与完成，则可通过合理安排机床进行加工，减少空载能耗，从而达到节能的目的。车间机床管理人员需要获取不同类型的机床在加工过程中的总能耗信息，以便于合理安排待机或空载能耗较小的机床进行加工生产。部分机床长期处于待机状态或者因工艺安排不合理，导致机床空载或者待机时间过长。机床现场操作人员在决定停机或关闭主要耗能部件之前，需要清楚该机床加工过程的主要耗能部件。

2. 2. 2 机械加工设备能耗监测方法

通过对待监测机床的多能量源与功率传感器进行匹配，实现对待监测机床各能量源功率数据的采集与处理，在此基础上分析多能量源能耗状态。

1. 多能量源与功率传感器的匹配

分析待监测机床的能量源数量（可根据不同生产人员对能耗信息的需求来确定）和类型，根据待监测机床的能量源数量确定功率传感器的数量；由于不同数控机床的能量源数量不同，需对待监测机床进行分析，待监测机床的能量源数量也可以直接通过待监测机床说明书获取。然后在待监测机床各能量源上分别安装功率传感器（功率传感器与能量源进行物理连接），根据待监测机床的能量源上安装的功率传感器的类型，匹配功率传感器的通信协议和接口信息，并设置采样频率，完成待监测机床多能量源和多个功率传感器的匹配。

▶▶ **2. 多能量源的功率数据采集与处理**

（1）功率数据采集流程　数据采集是指从传感器和其他待测设备等模拟和数字被测单元中自动采集非电量或者电量信号，然后将采集到的数据，送到上位机中进行分析和处理。通常数据采集包括通信接口初始化、发送读取数据命令、获取数据、解析数据四个步骤。通常发送读取数据命令之后需要等待十几毫秒到几秒不等的时间才能获取智能设备返回的数据，否则返回的数据可能有误。多源数据采集的流程如图 2-2 所示。

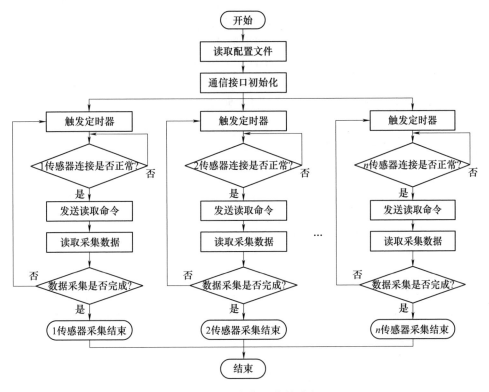

图 2-2　多源数据采集的流程

（2）数据处理　由于工业环境一般比较恶劣，干扰源很多，如环境温度变化较大、强电磁干扰等。因此，需要对采样值进行数据处理，以便消除或减少各种干扰和噪声，提高信号的真实性、准确性。通过一定的计算程序减少干扰信号在有用信号中的比重，从数据序列中提取逼近真值数据的软件算法，通常称为数字滤波算法。随着计算机技术和微电子技术的发展，数字滤波在工业控制、智能仪表仪器和数据处理等涉及数字信号处理的领域应用广泛。本节采集的机械加工环境中的各耗能部件的功率信号常受到机床本身、功率传感器自身和外界的干扰，因此，需要进行数据滤波处理。经典的数字滤波方法较多，有中值滤波、算术平均法、防脉冲干扰平均值法、递推平均法、限幅滤波法等。究竟运用何种滤波技术应该根据具体情况来定，不同干扰，相应的滤波对策也是不同的。

采用计算量小的递推平均滤波算法对各耗能部件的功率信号进行滤波。递推平均滤波算法又称滑动平均滤波算法，是最常用的数字滤波方法之一，滤波过程简单且实用，尤其适合于在线快速数据处理等实时性要求较高的场合。

递推平均滤波算法的原理是把 L 个功率数据看成一个队列，队列的长度固定为 L，每进行一次新的数据采集，把采集的结果放入队尾，而扔掉原来队首的一个功率数据，这样在队列中始终有 L 个"最新"的功率数据。计算第 n 时刻的功率值时，把第 n 时刻前队列中 L 个实时功率值求平均。由于在初始阶段存在实时功率值未满 L 个数据的情况，此时按实际功率数据个数求平均。这种数据存放方式可以用环形队列结构方便地实现。其对应的噪声或随机误差减少率 $NRR = 1/n$。其滤波算法模型可由式（2-1）得出：

$$\hat{P}_{[i][n]} = \begin{cases} \dfrac{1}{n} \sum\limits_{j=0}^{n-1} X_{[i][j]} & n \leqslant L \\ \dfrac{1}{L} \sum\limits_{j=0}^{L-1} X_{[i][n+j-L]} & n > L \end{cases} \tag{2-1}$$

式中，$P_{[i][n]}$ 为第 i 个耗能部件在第 n 时刻的功率采样值；$\hat{P}_{[i][n]}$ 为第 i 个耗能部件在第 n 时刻的功率 $P_{[i][n]}$ 估计值；$X_{[i][j]}$ 为第 i 个能耗部件在第 j 时刻的功率采样值；L 为递推平均滤波算法数据长度，可以根据实际情况选择，一般取 $5 \sim 10$ 之间的整数（本节取 $L = 7$）。

递推平均滤波算法主要分为以下 4 步（图 2-3）：

1）将最新功率值赋给滤波数组最后一个，并记录滤波次数。

2）判断滤波次数 n 是否达到数据长度 L。

3）如果达到数据长度 L，将滤波器数组之和除以数据长度 L；如果没有达到数据长度 L，则将滤波器数组之和除以滤波次数。

4）判断是否接收到停止数据采集命令，如果没有收到，则继续上述滤波过程，否则滤波结束。

⫸ 3. 能量源能耗状态分析

在机械加工过程中，只有准确地判断设备的运行状态才能更好地获取设备

的能耗信息。首先对设备运行
状态进行判别，从而获取机床
的能耗信息。

（1）设备运行状态判别
由于不能同时获取机床的多个
耗能部件的能耗数据，现有对
机床运行状态判别的研究主要
基于主轴功率数据或机床总功
率数据来实现。机床能耗数据
包含着丰富的加工状态信息，
当各耗能部件状态变化时，机
床运行状态也将随之发生变化。
基于机床多耗能部件的可配置
在线能耗监测，提出一种利用
多耗能部件能耗数据判别机床
运行状态的方法。利用该方法
能够较为准确地判别机床运行
状态。

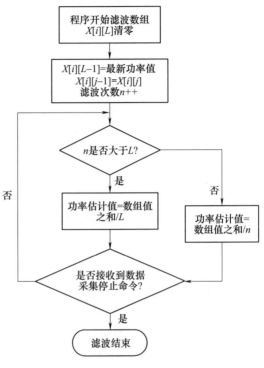

图 2-3　递推平均滤波算法流程

设数控机床有 N 个耗能部
件，每个耗能部件都做出一个自身运行状态的硬判决 $u_i(i=1, 2, \cdots, N)$，可
由式（2-2）表示。

$$u_i = \begin{cases} 0 & H_0 \\ 1 & H_1 \end{cases} \qquad i = 1,2,\cdots,N \qquad (2\text{-}2)$$

式中，H_0 代表耗能部件处于关闭状态；H_1 代表耗能部件处于开启状态。判断方
法如下：判断滤波处理后的功率值 $P_{[i][n]}$ 是否大于某一预设阈值（该阈值为功率
传感器的零漂值，不同耗能部件的预设阈值不同，一般为十几瓦到几十瓦）；如
果出现两个以上功率值大于预设阈值时，将该耗能部件运行状态判断为 H_1，否
则为 H_0。

各耗能部件运行状态变化会引起机床运行状态的改变。函数 $\tau = (u_1, u_2, \cdots, u_i)$ 可判别机床运行状态，由判别出的机床运行状态如关机、开机/待机、空载、
加工、开启切削液、换刀等状态。机床运行状态与各耗能部件运行状态对应关
系见表 2-4。

表 2-4　机床运行状态与各耗能部件运行状态对应关系

序号	总输入	主轴电机	进给电机			冷却电机	换刀电机	机床运行状态
			X 轴	Y 轴	Z 轴			
1	0	0	0	0	0	0	0	关机
2	1	0	0	0	0	0	0	开机/待机
3	1	1	0	0	0	0	0	空载
4	1	1	任意一个为 1			0	0	加工
5	1	*	*	*	*	1	0	开启切削液
6	*	*	*	*	*	*	1	换刀
7	0	0	0	0	0	0	0	关机

注：*表示耗能部件处于起动/未起动状态。

表 2-4 中，"关机状态"就是机床并未通电，函数 $\tau=(u_1,u_2,\cdots,u_i)$ 中的各项皆为 0；"待机状态"是表示机床保持准备加工的状态，该状态下主轴电机和伺服电动机等耗能部件已经通电但未起动，用以维持待机状态的部件，如计算机、显示器、风扇和控制系统等已开启；函数 $\tau=(u_1,u_2,\cdots,u_i)$ 中只有总输入处于起动状态即 $u_1=1$，其他耗能部件都处于关闭状态；"空载状态"是指主轴电机在开启，但是进给电机并未起动；函数 $\tau=(u_1,u_2,\cdots,u_i)$ 中只有总输入和主轴电机处于起动状态，即 $u_1=1$，$u_2=1$；"加工状态"是指主轴电机和进给电机都已开启；"换刀状态"主要是为了机床进行换刀操作时对机床能耗的影响而设定的；"开启切削液"主要是为了能耗分析人员对切削液电机能耗问题进行研究而设定。

（2）能耗信息获取　机床部件的能耗数据蕴含着丰富的加工信息，当加工过程中切削状态发生变化时，一般会引起耗能部件状态的变化，例如进给系统的运行状态能够反映 X 轴、Z 轴、Y 轴的状态变化。机床能耗信息可包括机床总能耗、机床有效能耗、机床能量利用率、机床运行利用率、各部件能耗以及各运行状态能耗等。部分机床能耗信息计算公式如下：

1）机床部件能耗。机床部件能耗是指机床各耗能部件在运行时间内所消耗的能量，可用式（2-3）表示。

$$E_i=\int_{t_{i-s}}^{t_{i-e}}P_i\mathrm{d}t \tag{2-3}$$

式中，E_i 表示机床的第 i 个耗能部件的能耗值；t_{i-s} 表示第 i 个耗能部件的运行开始时间；t_{i-e} 表示第 i 个耗能部件的运行结束时间；P_i 表示待监测机床中第 i 个耗能部件的实时电功率值。

2）机床总能耗。机床总能耗是各个耗能部件能耗的总和，可用式（2-4）表示。

$$E_{\mathrm{m}} = \int_{t_{\mathrm{ms}}}^{t_{\mathrm{me}}} P_{\mathrm{m}} \mathrm{d}t = \sum E_i \qquad (2\text{-}4)$$

式中，E_{m} 表示机床总能耗；P_{m} 表示机床总输入的实时电功率值；t_{ms} 表示机床运行开始时间；t_{me} 表示机床运行结束时间；E_i 表示机床的第 i 个耗能部件的能耗值。

3）机床有效能耗。机床有效能耗是指数控机床总能耗中用于切削加工的部分能量，是切削功率的积分，切削功率为机床在加工阶段的实时功率减去机床空载功率，可由式（2-5）表示。

$$E_{\mathrm{eff}} = \int_{t_{\mathrm{s\text{-}s}}}^{t_{\mathrm{s\text{-}e}}} (P_{\mathrm{m}} - P_0) \mathrm{d}t \qquad (2\text{-}5)$$

式中，E_{eff} 表示机床有效能耗；$t_{\mathrm{s\text{-}s}}$ 表示机床加工阶段开始时间；$t_{\mathrm{s\text{-}e}}$ 表示机床加工阶段结束时间；P_{m} 表示机床总输入的实时电功率值；P_0 表示机床空载状态下总输入功率即机床空载功率。

4）机床能量利用率。机床能量利用率是指在某一加工过程中，有效能量与机床总能耗的比值，用符号 $\mathrm{Eff}_{\mathrm{energy}}$ 表示。该值能反映机床能耗利用情况，直观反映机床节能潜力，可由式（2-6）表示。

$$\mathrm{Eff}_{\mathrm{energy}} = E_{\mathrm{eff}} / E_{\mathrm{m}} \qquad (2\text{-}6)$$

5）机床运行利用率。机床运行利用率是指机床有效加工时间与机床运行总时间的比值，用符号 $\mathrm{Eff}_{\mathrm{time}}$ 表示。该值可以反映出机床在运行过程中实际的加工时间；工艺参数的选择和辅助时间通常会影响机床运行利用率，该值能间接反映机床节能潜力，可由式（2-7）表示。

$$\mathrm{Eff}_{\mathrm{time}} = \frac{T_{\mathrm{effective}}}{T_{\mathrm{total}}} \qquad (2\text{-}7)$$

式中，T_{total} 表示机床运行时间；$T_{\mathrm{effective}}$ 表示机床在加工状态下运行的时间。

2.3 机械加工设备能耗监测方法的系统实现

在加工设备多能量源可配置能耗监测方法的基础上，搭建系统硬件平台，开发机械加工设备能耗监测系统，并详细介绍系统的各功能模块，利用搭建的硬件平台和所开发的软件系统对数控车床进行能耗监测试验。

2.3.1 系统框架及功能结构

机械加工设备能耗监测方法的系统框架如图 2-4 所示。通过对机床不同数量和类型的耗能部件进行监测系统的灵活配置，实现对机床不同耗能部件能耗状态的实时在线监测和分析。

机械加工设备能耗监测方法的支持系统主要包括系统配置模块、能耗监测

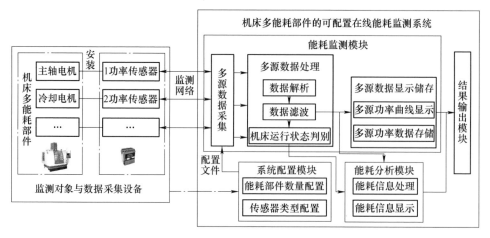

图 2-4 机械加工设备能耗监测方法的系统框架

模块、能耗分析模块和结果输出模块。

▶ 1. 系统配置模块

系统配置模块用于根据待监测机床各能量源与功率传感器的物理连接关系生成配置信息,该配置信息包括待监测机床的能量源数量和类型以及各能量源上安装的功率传感器的类型、通信协议和接口信息。功率传感器用于采集能量源的电功率数据,并根据通信协议编译成含有电功率数据的报文。

▶ 2. 能耗监测模块

能耗监测模块包括多源数据采集子模块、多源数据处理子模块和多源数据显示储存子模块。

1)多源数据采集子模块用于读取安装在待监测机床的各能量源上的功率传感器传输的含有实时电功率数据的报文,并用于记录各能量源运行开始时间、各能量源运行结束时间、待监测机床运行开始时间、待监测机床运行结束时间。

2)多源数据采集子模块将读取的含有实时电功率数据的报文传输至多源数据处理子模块,多源数据处理子模块对接收到的含有电功率数据的报文进行处理,得到各能量源对应的实时电功率值,并将该实时电功率值传输至多源数据显示储存子模块。

3)多源数据显示储存子模块将接收到的实时电功率值进行显示和储存,并将该实时电功率值分别传输至能耗分析模块和结果输出模块。

▶ 3. 能耗分析模块

能耗分析模块包括能耗信息处理子模块和能耗信息显示子模块。能耗信息处理子模块用于对所接收到的各能量源的实时电功率值进行计算,得到待监测机床总能耗、能量源能耗值、能量源电功率峰值、待监测机床加工全过程能量利用率以及能量源能耗值与机床总能耗的比值，并将机床总能耗、能量源能耗值、能量源电功率峰值、待监测机床加工全过程能量利用率以及能量源能耗与机床总能耗的比值分别传输至能耗信息显示子模块。能耗信息显示子模块显示接收到的数据，并根据接收到的数据形成待监测机床多能量源能耗分布图和待监测机床能耗分布图，传输至结果输出模块。

▶ 4. 结果输出模块

结果输出模块输出能耗信息，能耗信息包括电功率曲线图、待监测机床能耗信息、能量源能耗信息、待监测机床能耗分布图和待监测机床多能量源能耗分布图。这里的电功率曲线图是由结果输出模块根据接收的各能量源的实时电功率值生成的各能量源在整个加工运行时间段的电功率曲线图。

机械加工设备能耗监测支持系统具体实现过程如下：首先，分析要监测的机床的耗能部件数量和类型，根据机床的耗能部件数量和类型确定功率传感器的类型、数量；接着在各个耗能部件上对应地安装功率传感器，搭建监测网络；然后，在系统配置模块中完成机床多耗能部件与功率传感器的匹配以及传感器类型的选择，形成在线机械加工设备能耗监测支持系统的配置文件；基于上述配置文件，在能耗监测模块对机床运行过程中的耗能部件进行多源数据采集；接着将采集到的数据进行多源数据处理，数据解析根据通信协议的语法规则解析接收到的数据；解析出来的数据在滤波器中完成数据过滤后，分别进行多源功率曲线显示、多源功率数据存储以及机床运行状态判别；能耗分析模块结合判别出的机床运行状态和完成滤波的数据进行能耗信息分析，获得机床能耗信息指标。最后，不同人员在结果输出模块配置输出所需的能耗信息。

基于机械加工设备能耗监测方法的系统框架，设计了机床多耗能部件的可配置在线机械加工设备能耗监测支持系统体系结构。该监测支持系统分为四个层次：感知层、采集层、数据处理层和应用层，如图2-5所示。

▶ 1. 感知层

感知层是整个机械加工设备能耗监测支持系统的数据基础，能够利用功率传感器所带的电压互感器和电流互感器分别采集三相电压和电流，经过低通滤波后进入电能计量芯片，进行A/D转换和计算处理，得到相应的电压（流）有效值及功率等电参数，并同时存储于寄存器中。通过应用现有功率传感器，可以获取机床各耗能部件运行时的功率数据。

▶ 2. 采集层

如果说感知层中功率传感器的数据感知是第一次数据采集，那么采集层则是第二次数据采集，即运用计算机通过各种通信接口，如串口接口（RS232/

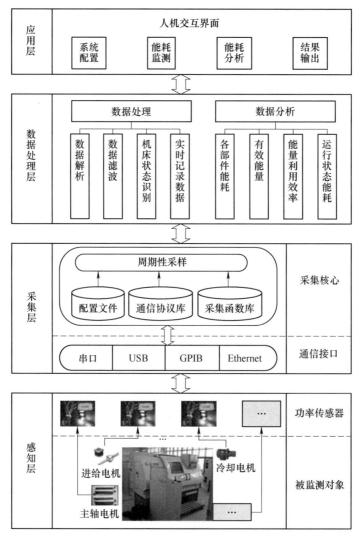

图 2-5　系统体系结构

RS485）、通用串行总线（USB）接口、通用接口总线（GPIB）接口和以太
网（Ethernet）接口等按照一定的规则与功率传感器通信，获得存储于功率传感
器寄存器中的功率数据。它是功率传感器与上层软件应用系统的桥梁。该层需
要完成两个任务：一方面按照通信协议的规则，获得感知层中的功率数据，并
将其上传给数据处理层；另一方面，检测感知层在给数据处理层上传数据的过
程中可能发生的故障和数据传输错误，如功率传感器未正常连接。该层不仅有
用来与功率传感器进行通信的函数和配置文件，而且还包括为解析从数据处理
层而来的数据采集命令而由若干类构成的通信协议库。

⫸ 3. 数据处理层

数据处理层负责数据处理，如数据解析与滤波、实时记录数据等，并进行机床运行状态的识别，统计与分析机床能耗信息指标，记录能耗信息并存入文件进行备份。

能耗监测过程中，计算机通过各类通信接口与多个功率传感器通信，实现数据的双向传输。功率传感器一方面要采集数据，另一方面要将数据传给计算机，而计算机对数据进行采集的同时还要及时处理用户操作、数据信息显示等。由此可见，数据处理是一个数据交互频率很高的循环过程，计算机在不停地处理数据接收、分析、记录等工作任务的过程中将耗费很多资源。如果有外部事件发生，计算机可能出现不响应用户操作，也可能会暂停数据采集过程。针对如何有效保证不丢失数据，而又能立即响应外部事件或处理用户操作，设计了一个多线程数据信息处理模型。

多线程之间的通信方式包括：全局变量、用户自定义对象和事件内核对象。全局变量是普遍采用的方法，实现方法简单，通过不同线程对一个全局变量的共同监视来判断下一步要执行的任务，全局变量还可以用来控制线程的启动、挂起、终止等；用户自定义消息采用消息发送和消息等待的方式来实现线程之间的信号通知，这种方式相对全局变量能节省系统资源，不必循环地监测通信变量的值，而是采用消息触发的方式来完成线程之间的通信；事件内核对象和用户自定义消息类似。

采用用户自定义消息方式来完成线程之间的通信，设计的多线程信息处理模型将要完成的任务划分为主线程、数据采集线程、数据处理线程、数据显示存储线程和定时器线程，其信息处理流程如图 2-6 所示。

数据采集线程主要完成的工作是通过非阻塞异步通信方式获取功率数据，并将采集到的功率数据送到预处理缓冲区。数据处理线程主要完成的工作是对各个功率传感器的数据分别进行校验、解析、滤波处理。数据显示存储线程主要完成的工作是在监控界面上以动态功率曲线、数字等方式显示最近时刻的功率值和记录各个功率传感器的功率值。定时器线程负责按固定时间间隔向各线程发送通知，例如数据显示存储线程并不是一直处于工作状态，而是收到定时器发出的通知后才工作，待完成当前周期的工作任务后才自动"休眠"。

⫸ 4. 应用层

应用层提供用户操作界面，可将实时数据转变成图形和表来反映机床实际能耗情况，用户能够在界面上监视机床、部件能耗及运行状态。

系统的功能模块主要包括系统配置、能耗监测、能耗分析和结果输出四个功能模块，如图 2-7 所示。各功能模块在能耗监测过程的作用如下：

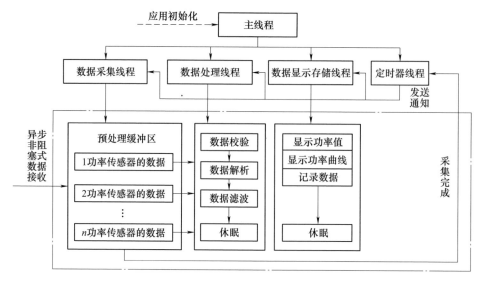

图 2-6 多线程信息处理流程

（1）系统配置模块

根据安装在数控机床的耗能部件上的功率传感器和耗能部件的关系，配置功率传感器的类型、数量、通信协议和接口，即在系统配置模块输入耗能部件的名称和安装在其上的功率传感器的名称，在通信协议库中选择与功率传感器匹配的通信协议以及匹配与功率传感器一致的通信接口，并设置接口参数，形成配置文件；并且可以对配置文件进行编辑和删除等操作。

（2）能耗监测模块

能耗监测模块主要用于监测各耗能部件的功率数据，包括采集、显示、存储等功能。首先，加载配置文件，搭建可配置的采集部件库，然后选择需要监测的耗能部件；对实时功率数据进行存储、显示的同时绘制各耗能部件的功率曲线，为便于观察，可以对功率曲线进行显示、隐藏和局部放大等操作；该模块还可以实时显示机床运行状态，如待机状态、空载状态、加工状态、关机状态等。

（3）能耗分析模块

能耗分析模块主要用于对能耗信息处理和分析；统计计算如机床总能耗、耗能部件能耗值、耗能部件功率峰值和机床运行时间等机床能耗信息并绘制机床部件能耗分布图；结合根据各耗能部件运行状态判别出来的机床运行状态，绘制机床运行状态能耗分布图，统计出机床部件能耗信息表。

（4）结果输出模块

结果输出模块主要用于输出人员需求的能耗信息，配置需要的部件功率值、部件能耗值、机床总能耗、机床有效能量和机床能量利用率等形成机床能耗信

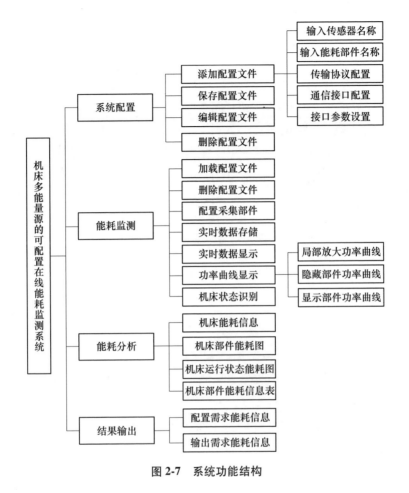

图 2-7 系统功能结构

息，选择需要的电功率曲线图、机床状态能耗分布图和机床部件能耗分布图，并输出所需的能耗信息。

2.3.2 系统硬件平台搭建

机械加工设备能耗监测支持系统中，主要用到的硬件包括计算机、功率传感器等，监测对象为数控机床的耗能部件，如主轴系统电机、进给系统电机（X、Y、Z 轴进给电机）等，另外计算机与传感器之间实现通信的接口也是监测系统的重要组成部分，本系统的一种硬件连线方式如图 2-8 所示。

在机床电气柜中需找各个耗能部件的电缆输入端，然后在此处安装功率传感器，功率传感器自带有 RS232、RS485、USB 或 GPIB 接口，实时采集各个耗能部件的输入功率，功率传感器与计算机（可配 USB、RS232 串口、GPIB 接口）通过带相应接口的数据线连接，将功率传感器采集的功率信息实时传送至

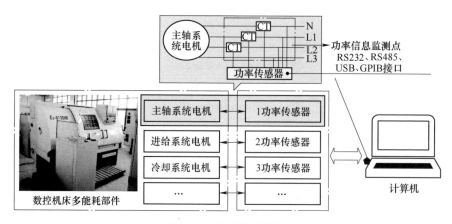

图 2-8 系统硬件连接图

计算机。功率传感器安装说明如下：在电机电源输入端处简单引出电压线至功率传感器获得电压值和通过安装电流传感器（Current Transformer，CT）获得电流值，获得电流和电压信号后，功率传感器自行计算出功率值；针对三相电机按星形（Y）联结和三角形（△）联结两种接线的运行方式，功率传感器需要对应的按三相四线Y/Y（3P4W）和三相三线△/△（3P3W）连接。下面分别对耗能部件的电缆输入端（即数据信息监测点、功率传感器）给出简要的描述。

⯈ 1. 功率信息监测点

在数控机床的能耗监测过程中，在选择功率信息监测点即功率传感器安装位置时，不能对机床电气柜中的结构有所改动，功率传感器需遵循易安装的原则。对于数控机床而言，在各个耗能部件的电源输入端直接安装功率传感器就可以直接获得各耗能部件的功率信息。由于功率传感器自身的功率相对较小，所以其对各耗能部件的功率的影响可以忽略不计。因此，在对数控机床能耗监测之前，需要了解数控机床的电气图，以便合理选择功率信息监测点。数控机床电气图一般可以在机床说明书中获取。下面以 CJK6136C 数控车床电气分布图为例，说明选择功率信息监测点的问题。监测数控机床的总输入能耗，功率传感器安装位置宜在电源线输入机床之前；监测数控机床主轴电机的能耗，功率传感器安装位置宜在变频器（BP）之后，电源线进入主轴电机之前；监测数控机床冷却泵的能耗，功率传感器安装位置宜在电源线输入冷却泵电机之前；监测数控机床刀架电机的能耗，宜在刀架盒之后，电源线进入刀架电机之前；监测数控机床 X 轴、Z 轴电机的能耗，功率传感器安装位置宜在交流伺服驱动器（ZQ/XQ）之后，电源线进入 X 轴、Z 轴电机之前。CJK6136C 数控车床耗能部件功率信息监测点如图 2-9 所示。

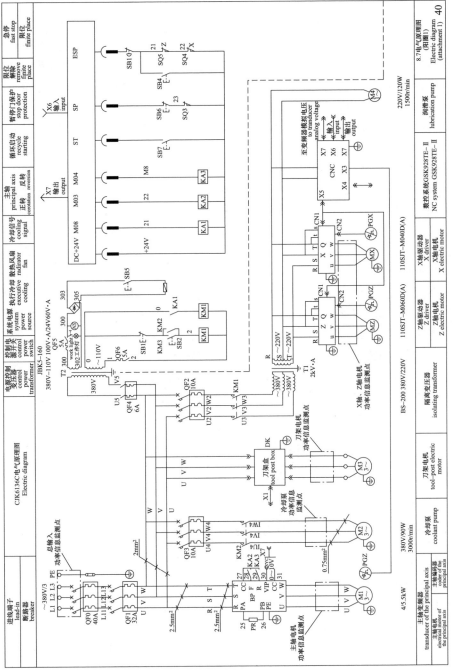

图 2-9　CJK6136C 数控车床耗能部件功率信息监测点

▶ 2. 功率传感器

（1）功率传感器简介

国家标准 GB/T 7665—2005《传感器通用术语》对传感器的定义是："能感受被测量并按照一定的规律转换成可用输出信号的器件或装置，通常由敏感元件和转换元件组成。"传感器能把被测量转换为易测信号，传送给测量系统。功率传感器可以直接获得有功功率或者无功功率。这种功率传感器技术已经十分成熟，不但价格低廉，而且安装很简单。

目前的功率传感器多种多样，主要包括功率分析仪、功率计和功率数据采集模块，如日置 PW3390 功率分析仪、PW3360 功率计，泰克功率分析仪 PA4000，山东力创 EAD9033E 模块，贝思特 elebestCH2000M 系列模块，阿尔泰 DAM3505 模块等。功率分析仪和功率计通常带有通信接口、显示屏和按键。按键可用于设置功率分析仪和功率计的各种参数，显示屏用来显示功率分析仪和功率计的设置参数以及测量数据。而采集模块通常没有显示屏和按键，但一般配有设置软件（计算机上运行的设置软件能够对采集模块进行设置），能够通过接口与计算机相连，允许用户编程。

在工业能耗管理应用中，选择正确的功率传感器是能耗监测过程中最为关键的一步。如果功率传感器选择不合理，即使有再好的信号处理方法和监测软件，也达不到令人满意的效果。表 2-5 展示了选择功率传感器的主要性能指标。在选择时需要根据性能指标选择合适的功率传感器。

表 2-5　功率传感器的主要性能指标

项目	指标描述
测量范围	在允许的误差范围内传感器的被测量范围
量程	测量范围的上限（最高）和下限（最低）的值之差
过载能力	允许测量上限或下限的被测量值与量程的百分比
灵敏度	分辨力、满量程输出
静态精度	精准度、线性度、重复度、迟滞、灵敏度误差、稳定性、漂移
频率特性	频率响应范围、幅/相频特性、临界频率
阶跃特性	上升时间、响应时间、过冲量、临界速度、稳定误差

（2）通信接口简介

功率传感器常配备的可选接口包括 RS232、RS485、USB、GPIB 和 Ethernet 等。下面对其给以简要地描述。

1）RS232、RS485 串行总线接口。RS232 是通信工业中最广泛应用的一种串行接口，采取单端通信。RS232 接口有两种类型：9 个针脚和 25 个针脚，其中 9 针使用最为普遍，一般计算机标配 9 针的 RS232 串口，并且常使用 RS232

的 3 个针脚：2 号针脚接收数据、3 号针脚发送数据、5 号针脚为信号地，其连接方式示意图如图 2-10 所示。

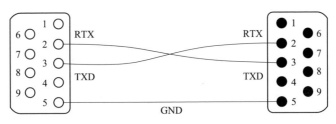

图 2-10　RS232 的连接方式示意图

RS485 由 RS232 发展而来，二者不同之处在于：计算机可通过一个 RS485 接口，连接多个带有该接口的功率传感器，理论上最多可达 128 个，并且具有双向通信能力，通常通信距离为几十米到上千米；而一个 RS232 接口只能连接一台带有 RS232 接口的功率传感器，RS232 传送距离最大约 15m。计算机通常不标配 RS485 接口，可使用 RS232/RS485 转换器，将计算机中的 RS 232 串口转化为 RS485 接口，实现 RS485 接口与传感设备通信。RS485 采用主从方式通信，一次只能与一个传感设备通信，通信时间一般为几百毫秒之内。RS485 的连接方式示意图如图 2-11 所示。

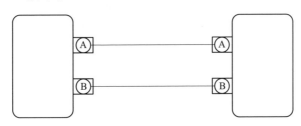

图 2-11　RS485 的连接方式示意图

2）GPIB 总线接口。GPIB 是 HP 公司开发的，是电气与电子工程师协会（IEEE）对其标准化了的通用仪器控制接口总线标准。在计算机控制测试仪器、计算机之间通信，以及计算机控制其他电子设备等方面，GPIB 应用比较广泛。用 PC 和若干台程控测试仪器通过 GPIB 接口组成一个自动测试系统可实现仪表的自动测试。为保证消息能双向异步、准确可靠地交互传递，GPIB 母线中设置有三条握手线，用于设备之间消息字节的传送：DAV（DATA VALID）数据有效线；NRFD（NOT READY FORDATA）未准备好接收数据线；NDAC（NOT DATA ACCEPTED）未收到数据线。与其他通信接口相比，GPIB 接口成本较高，通常高端的传感设备才配备 GPIB 接口，如日置 PW3390 功率分析仪、泰克 PA4000 功率分析仪和银河电气 WP4000 变频功率分析仪等。

3）USB 总线接口。USB（universal serial bus，即通用串行总线）是为了解决 PC 外设和主板插槽、端口之间的矛盾，由 Compaq、DEC、Intel、Microsoft、NEC 和 Northern Telecom 公司制定的一种串行通信的标准。USB 使用方便，许多不同的设备可以相互连接，并且支持热插拔；USB 的驱动程序或应用软件可无须用户干预，自动启动。目前市场上很少出现配有 USB 接口的功率传感器，但为便于通过计算机自带的 USB 接口与功率传感器连接，市场上有 USB/RS232、USB/RS485、USB/GPIB 的接口转换器。由于 USB 支持热插拔，与计算机间缺少固定措施，在工业应用中使用 USB 接口转换器时，系统可靠性可能受到影响。

随着网络技术的不断普及，带有 Ethernet 接口的功率传感器，将是今后一段时间的发展趋势。与其他各种接口相比，Ethernet 接口是通信速率最高的一种，可达千兆 bit/s，并且可以少布线。

2.3.3 系统实现

1. 软件系统的开发环境

一个软件系统的开发，首先要做的就是进行开发平台的选择。开发平台的选择不仅和开发人员本身的知识水平、编程习惯有关，更重要的是还应该和所要开发系统的类型、特点以及所需技术相关。开发的机械加工设备能耗监测支持系统，一个重要特点是能够为用户提供一个便于使用操作的交互环境，它需要开发人员能够在一种界面友好、易于操作、便于理解的开发环境下进行程序的编写。综合以上考虑，选用了 Windows 7 作为操作系统，使用 Microsoft Visual 2008 编程环境，选择 Visual C#. NET（简称 C#）作为开发语言，它们都是 Microsoft 公司旗下的产品，具有良好的兼容性。

（1）. NET 框架介绍

Microsoft Visual 2008 编程环境是微软创建 . NET 应用程序的软件开发工具集。它和 . NET 开发框架紧密结合，遵循 . NET 框架，是提供加速开发过程的高效工具。. NET 框架的主要组成部分：公共语言运行时（common language ruftime，CLR）和 . NET 框架基类库（. NET framework base classes）。所有在 . NET 开发平台上创建的应用程序运行都需要运行这两个核心块。下面将分别简要介绍它们。

CLR 是一个软件引擎，主要负责运行时建立在操作系统上最底层的服务，例如：内存管理、进程和线程管理、语言集成、安全等。在执行时，由 CLR 的类加载器（class loader）将中间语言的程序代码载入内存，然后通过实时编译，将其转化为 CPU 可执行的机器代码。正是由于 CLR 具有这种作用机制，所以用 . NET 语言编写的程序可以在任何具有 CLR 的操作系统下执行，实现了 Microsoft. NET 战略跨平台执行的目标。因此，基于 CLR 的 . NET 框架，实现了开发人员梦寐以求的战略跨平台执行功能。

.NET 框架基类库是生成 .NET 应用程序、组件和控件的基础。它为开发者提供统一的、面向对象的、层次化的、可扩展的一组类库，是一个综合性的面向对象的可重用类型集合，可以用它来开发多种应用程序，例如传统的命令行、GUI 应用程序、Web 窗体和 XML Web services。

（2）C#语言介绍

C#语言是由 C 和 C++衍生出来的、Microsoft 公司专门为 .NET 设计的面向对象的编程语言。它是 Microsoft 公司为推行 .NET 战略而发布的一种全新的编程语言，继承了 C 和 C++强大的功能，同时去掉了一些它们的复杂特性，例如没有宏以及不允许多重继承。C#具有 VB 可视化操作和 C++高运行效率的特点，以其强大的操作能力、优雅的语法风格、创新的语言特性和便捷的面向组件编程的支持成为 .NET 开发的首选语言。该编程语言几乎综合了目前所有高级编程语言的优点，如语法简单、面向对象、类型安全和垃圾回收等现代语言的诸多特征，成为开发 .NET 平台应用程序的编程利器。C#不但吸取了 C++语言灵活和 Java 简洁的特性，还结合了 Delphi 和 Visual Basic 的易用性特点。因而 C#是一种使用简单、功能强大、表达力丰富的全新语言，能够使得程序开发人员快捷方便地创建基于 Microsoft. NET 平台的运用程序。

2. 软件系统功能模块的实现

双击本系统的快捷图标，启动系统，即可进入机械加工设备能耗监测支持系统。主菜单界面主要由标题栏、菜单栏、操作区以及状态栏组成。通过单击菜单栏的选项，可以进入各个功能模块进行操作。其主菜单界面如图 2-12 所示。

（1）系统配置模块

启动系统后默认进入"系统配置"界面。设置栏包括"参数设置""添加""保存配置""删除""全部删除""恢复上次"等按钮和配置信息，配置信息主要包括传感器编号、传感器名称、所测部件、通信协议和通信接口。系统配置流程如图 2-13 所示。

设置传感器编号有助于对同类型的传感器进行区分，通过传感器名称和所测部件可建立待监测机床各耗能部件与功率传感器的物理连接关系的配置信息，当出现物理连接意外中断时系统能够准确提示出现中断的功率传感器；传感器编号可以随用户添加操作自动编号，用户只需要输入传感器名称，并在"所测部件"下拉列表框中选择所测机床耗能部件即可；通信协议的配置与传感器所使用的传输协议一致才能保证通信正确。在完成传感器配置和传输协议配置之后，还应对功率传感器与计算机之间所使用的通信接口进行配置，以保证通信正常。其中有些接口需要设置参数如 COM 串口，单击"参数设置"按钮进入参数设置界面，当选择 COM 串口时，需要设置串口号、波特率、数据位、校验位

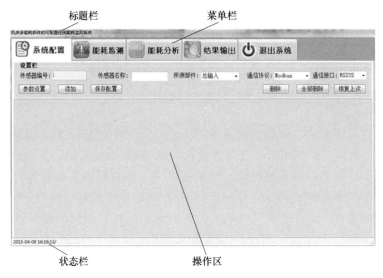

图 2-12　机械加工设备能耗监测支持系统的主菜单界面

和停止位。

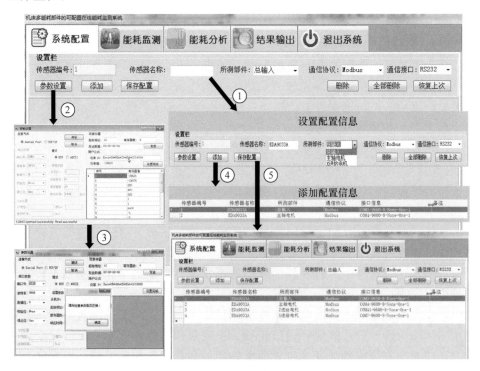

图 2-13　系统配置流程

如果系统配置准确，单击"添加"按钮即可完成一个耗能部件与功率传感器连接关系的配置信息，配置的重要信息通过表格形式展列出来。如果配置信息中的传感器名称未设置、所测部件未设置、通信协议选择错误和通信接口信息未配置或配置错误，单击"添加配置信息"按钮会出现提示出错的信息框，显示需要补充或修改的地方。按照上述操作可以依次完成监测机床各耗能部件与功率传感器连接关系的配置信息，如果其中某条配置信息错误，可以先选中该条配置信息，然后单击"删除"按钮即完成对应配置信息的清除。所有配置信息都准确无误时，可以单击"保存"按钮完成所有系统配置信息的保存，形成配置文件，以便能耗监测等模块使用。若下次所测的机床耗能部件未发生变化就无须再进行系统配置，直接单击"恢复上次"按钮即可完成信息配置。如果更换了待监测的机床或功率传感器，可以单击"全部删除"按钮将所有的系统配置信息删除，重新建立系统的配置信息。

（2）能耗监测模块

单击系统菜单的"能耗监测"进入到能耗监测的界面，如图 2-14 所示。其主要由所测部件列表区、实时功率曲线显示区和机床加工时间显示区组成。

所测部件列表区：将所有已配置好的待监测机床各耗能部件以列表形式显示出来，并能选择所需要监测的耗能部件，同时能够显示能耗监测过程中各耗能部件的功率瞬时值。

实时功率曲线区：不仅实时显示出所测机床各耗能部件的实时功率曲线，还能直观地对功率曲线进行显示与隐藏操作，以便对特定的机床耗能部件的功率曲线进行观察分析。

机床加工时间显示区：记录了机床加工的开始时间和结束时间。

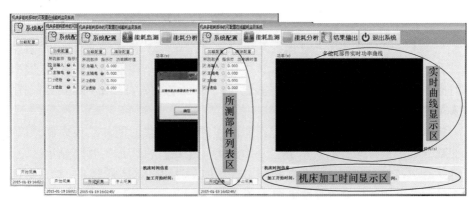

图 2-14　能耗监测开始之前的能耗监测界面

单击"加载配置"按钮，读取配置文件，完成所测部件列表区耗能部件的显示。开始采集之前，操作人员需对四个耗能部件同时进行监测，在复选框中选中四个耗能部件。为了保证数据传输的准确性，在所测部件列表区的指示灯的红、黄、绿三种颜色分别表示数据采集的不同状态。红色指示灯表示数据传输物理介质无链接；黄色指示灯表示数据传输物理介质链接正常但无数据传输；绿色指示灯表示数据传输正常。当耗能部件的数据采集状态发生变化时，提示框会提示操作人员出错的原因。另外，当需重新加载系统配置文件时，单击"清除配置"按钮清空配置信息，然后单击"加载配置"按钮完成新的系统配置文件的加载。能耗监测开始之前的能耗监测界面如图2-14所示。

单击"开始采集"按钮，在实时功率曲线区，各耗能部件的实时功率数值将以实时曲线图形式直观地显示；在实时曲线图的右侧依次对应一个复选框，当需观察某一个耗能部件的功率曲线时，可以通过去掉其他耗能部件或只勾选该耗能部件，能耗监测中的能耗监测界面如图2-15所示。

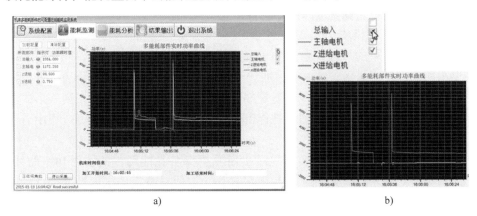

图2-15　能耗监测中的能耗监测界面

a）四个耗能部件的功率曲线　b）隐藏总输入功率曲线

当单击"开始采集"按钮时，系统后台将建立CSV格式的文件，以每次单击"开始采集"按钮的时间命名；该文件用于保存每个耗能部件的实时功率值和时间，可用Excel软件打开CSV格式文件，可为各类人员如研究人员或能耗管理人员的后续研究分析能耗数据。

机床加工时间显示区则反映了耗能部件的开始采集时间和结束时间，以便为能耗分析提供时间参数。单击"开始采集"按钮，机床加工时间显示区记录下开始时间，单击"停止采集"按钮，机床加工时间显示区则记录下结束时间。能耗监测结束的能耗监测界面如图2-16所示。

（3）能耗分析模块

单击系统菜单的"能耗分析"进入到能耗分析的界面，其主要由机床能耗信息区、机床能耗分布显示区和机床部件能耗列表区组成。当能耗监测结束后，

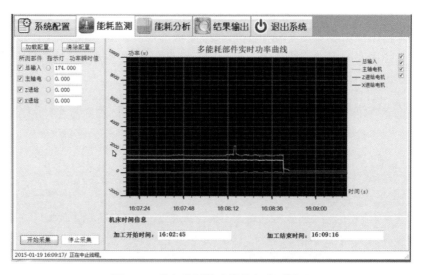

图 2-16　能耗监测结束的能耗监测界面

所有能耗信息才会在能耗分析界面显示。能耗分析界面如图 2-17 所示。

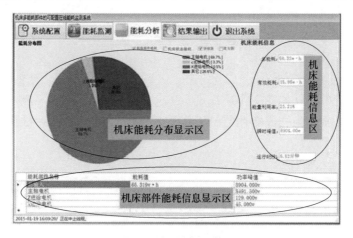

图 2-17　能耗分析界面

1）机床能耗信息区。反映机床整体的能耗信息，主要有机床总能耗、机床的有效能耗、机床能量利用率、机床的瞬时峰值和机床的运行时间等能耗信息。

2）机床能耗分布显示区。能耗分析后台处理模块统计处理机床各耗能部件的能耗信息，并将各部件的能耗信息用饼状图或直方图的形式描绘出来，以便清晰直观地反映出机床主要耗能部件。

3）机床部件能耗信息显示区。以列表的形式清晰地反映机床部件的详细能耗信息。

（4）结果输出模块

结果输出模块主要用于输出不同人员需求的能耗信息，配置需求机床能耗信息，选择需要的电功率曲线图、机床状态能耗分布图和机床部件能耗分布图，并将其输出，结果输出界面如图 2-18 所示。

图 2-18　结果输出界面

（5）退出系统模块

如果系统的能耗监测工作还在进行中，则无法退出系统，将会弹出错误操作提示的对话框。当完成能耗监测工作后，单击"退出系统"再单击"确定"按钮即可退出系统。

▶ 3. 系统运行效果

通过 CJK6136C 数控车床加工进气心轴零件，进行机械加工设备能耗监测支持系统运行效果展示。机床能耗测试实验对所加工的零件没有要求。进气心轴的毛坯为 18mm ×100mm 的黄铜棒料，加工时主轴转速为 550r/min。分析 CJK6136C 数控车床的耗能部件，在各耗能部件上对应地安装功率传感器。本次实验将对主轴电机、X 轴电机和 Z 轴电机三个耗能部件和机床总输入进行能耗监测。

在"系统配置"模块输入耗能部件的名称和安装在其上的功率传感器名称，匹配功率传感器的通信协议和通信接口，并设置采样频率为 20Hz，完成功率传感器与机床耗能部件的匹配。本案例中，实验人员对安装有功率传感器的三个耗能部件和机床总输入全部进行能耗监测，在"能耗监测"模块，单击"加载配置"按钮，读取配置文件；在所测部件列表区，选中四个耗能部件的复选框，四个指示灯都显示为黄颜色，表示数据传输物理介质链接正常但无数据传输。单击"开始采集"按钮，四个指示灯为绿色，表示数据传输正常；在实时功率曲线区，各耗能部件的实时功率数值将以实时曲线图形式直观地显示；机床加工时间显示区则记录了机床加工的开始时间"16：02：45"；单击"停止采集"按钮，机床加工时间显示区则记录下结束时间"16：09：16"；在"能耗分析"模块，显示机床和部件的各能耗信息；在"结果输出"模块，输出不同人员需求的能耗信息。示范系统操作界面和监测流程如图 2-19 所示。

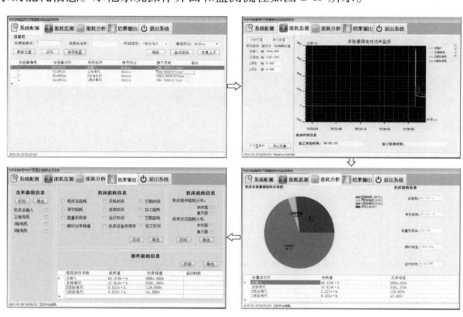

图 2-19 系统操作界面及监测流程

最后，能耗分析和结果输出模块分析显示和输出能耗信息。本案例中，实验人员输出机床能耗信息表、多耗能部件功率曲线和机床部件能耗分布图。CJK6136C 数控机床能耗信息见表 2-6，多耗能部件功率曲线如图 2-20 所示，机床部件能耗分布图如图 2-21 所示。

表 2-6 CJK6136C 数控机床能耗信息

项目	量值	项目	量值
机床总能耗	68.319×10^{-3} kW·h	机床运行开始时间	16：02：45
有效能耗	15.86×10^{-3} kW·h	机床运行结束时间	16：09：16
能量利用率	23.21%	运行时间	00：06：52
机床运行利用率	44.42%	加工时间	00：03：03

由表 2-6 可知，机床总能耗为 68.319×10^{-3} kW·h，而机床有效能耗才 15.86×10^{-3} kW·h，机床能量利用率仅有 23.21%；该值直观反映机床节能潜力较大。减少机床能耗主要是减少非加工能耗，如机床的照明用电，维持压缩空气和液压系统压力的用电，数控系统和驱动装置待机用电等，即在机床起动后无论工作与否均耗用电力；主要措施是选用耗电更少的功能部件，例如采用 LED 照明。机床设计人员可选购高效节能的部件，如选用效率 95% ~ 97% 的永磁同步电机、直线电机和力矩电机等直接驱动，省去机械传动，以降低机床非加工能耗；机床零部件开发商将开发高效节能部件，例如开发按需提供流量的变频液压泵和冷却泵等。机床运行利用率只有 44.42%，表明机床开机以后，超过一半以上的时间处于非加工状态或闲置状态，而真正用于加工的时间很少，因此造成了大量资源和能源的浪费。机床管理人员分析可知，通过提高工人的业务熟悉程度、缩短布置工地时间、缩短辅助时间等可提高机床运行利用率。

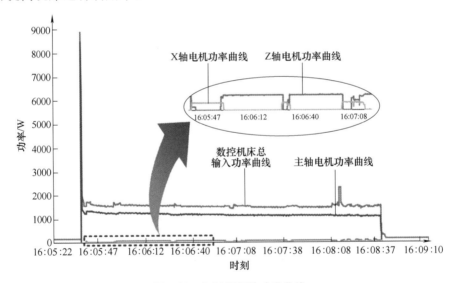

图 2-20　多耗能部件功率曲线

将机床能耗分解到各个耗能部件，使加工过程的能耗分布情况进一步量化，有利于从策略和技术上发现节能潜能。由图 2-20 可知，多耗能部件功率曲线图由数控机床总输入功率曲线、主轴电机功率曲线、X 轴电机功率曲线和 Z 轴电机功率曲线四条功率曲线构成；机床总输入和各耗能部件的能耗是各功率曲线与时间轴所围成的面积；机床总输入功率在机床主轴起动时瞬时峰值功率很大，为 8904W，是正常加工状态下功率值的 4 ~ 5 倍。依据供电（供电局或电网运营商）的实际情况，用电量的变化与峰值功率变化均会对电价（在谈判合同协议时）产生影响。为了限制各个机床峰值功率负荷集中出现，对电价产生影响，车间管理人员需要对各个机床峰值功率负荷进行管理。另外，在加工过程中，机床 X 轴、Z 轴不断地改变速度和方向，起动和停止，都将引起总输入功率曲线的变化；虽然 X 轴电机和 Z 轴电机功率比较小，但是它们起停对判断机床状态来说很重要。编程方法和路径对机床的能耗有很大的影响。因此，机床工艺编程人员制订工艺路线时，应选用高效刀具和合理的切削用量，减少刀具更换次数，编制合理的 NC 代码程序，在满足加工要求的同时，尽可能降低机床能耗。

从图 2-21 可以看出，在机床加工阶段，主轴电机功率明显很大，是构成机床总输入功率的主要部分。由图 2-21 知，CJK6136C 数控机床的主轴电机、X 轴电机、Z 轴电机的能耗分别为 $47.614 \times 10^{-3} kW \cdot h$、$0.323 \times 10^{-3} kW \cdot h$ 和 $2.227 \times 10^{-3} kW \cdot h$。耗能部件中主轴电机能耗较大，占总能耗的 69.69%；X 轴、Z 轴电机能耗较小，分别占总能耗的 0.47% 和 3.26%。分析图 2-20 和图 2-21 后，影响机床加工过程的主要耗能部件是主轴电机，那么，机床设计人员就应选购高效的主轴部件，以便设计的机床能够降低能耗；机床零部件开发商就要加大对高效节能的主轴部件的开发力度，例如改进主轴的设计，降低加速时的耗电，以及制动时回收能量等，以便满足机床生产商和机床用户对高效节能机床的需求，增强市场竞争力。

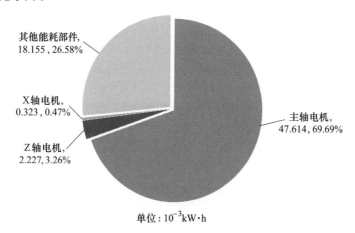

单位：$10^{-3} kW \cdot h$

图 2-21 机床部件能耗分布图

从本次对 CJK6136C 数控车床进行的能耗监测应用实验来看，所开发的机械加工设备能耗监测支持系统运行稳定，有效可行；能够获取数控机床及其耗能部件的能耗数据信息。

参 考 文 献

[1] ISO. ISO/WD 14955-1 Environmental evaluation of machine tools-Part 1: Energy-saving design methodology for machine tools [S]. Geneva: International Organization for standardization, 2010.

[2] 胡韶华. 现代数控机床多源能耗特性研究 [D]. 重庆: 重庆大学, 2012.

[3] 顾文斌, 李卓, 李育鑫, 等. 基于嵌入式技术的机床能耗监测系统研究 [J]. 机械制造与自动化, 2019, 48 (6): 155-158, 167.

[4] HE Y, LIU F, WU T, et al. Analysis and estimation of energy consumption for numerical control machining [J]. Proceedings of the Institution of Mechanical Engineers (Part B Journal of Engineering Manufacture), 2011, 226: 255-266.

[5] NARITA H, FUJIMOTO H. Analysis of environmental impact due to machine tool operation [J]. International Journal of Automation Technology, 2009, 3 (1): 49-55.

[6] 张曙, 卫汉华, 张炳生. 机床的节能和生态设计 [J]. 制造技术与机床, 2012 (6): 9-12.

[7] CECIMO (2009) Concept Description for CECIMO′s Self-regulatory Initiative (SRI) for the Sector Specific Implementation of the Directive 2005/32/EC [EB/OL]. http://www.eup-network.de/fileadmin/user_upload/Produktgruppen/Lots/Working_Documents/Lot_ENTR_05_machine_tools/draft_self_regulation_machine_tools_2009-10.pdf.

[8] HE Y, LIU F. Methods for integrating energy consumption and environmental impact considerations into the production operation of machining processes [J]. Chinese Journal Mechanical Engineering, 2010, 23 (4): 428-435.

[9] 赵京智. 力、热、光、磁传感器演示仪制作 [J]. 软件, 2013 (7): 250.

[10] BAYINDIR R, IRMAK E, COLAK, et al. Development of a real time energy monitoring platform [J]. International Journal of Electrical Power & Energy Systems, 2011, 33 (1): 137-146.

[11] 王太勇, 李小辉. VB 环境下集成监控及其实时数据采集技术 [J]. 组合机床与自动化加工技术, 2006 (9): 40-41.

[12] 黄凯明. 滑动平均数字滤波参数研究 [J]. 集美大学学报 (自然科学版), 2006, 11 (4): 381-384.

[13] 伍灵杰. 数据采集系统中数字滤波算法的研究 [D]. 北京: 北京林业大学, 2010.

[14] 中国国家标准化管理委员会. 传感器通用术语: GB/T 7665—2005 [S]. 北京: 中国标准出版社, 2005.

[15] 郭涛. 设备远程在线状态监测系统研究 [D]. 昆明: 昆明理工大学, 2012.

[16] 周凡. 基于 USB 接口技术的数据采集系统 [J]. 攀枝花学院学报 (综合版), 2005, 22 (2): 102-103.

[17] 符宁. Web 应用程序开发技术及工具的研究 [D]. 西安: 西北工业大学, 2005.

[18] 黄海东. C#调用 EXCEL com 组件实现数据录入与样式的设置 [J]. 湛江师范学院学报, 2013, 34 (3)：122-128.

[19] 张宝玉. 中铁九局人力资源部人事信息化管理系统的设计与实现 [D]. 成都：电子科技大学, 2010.

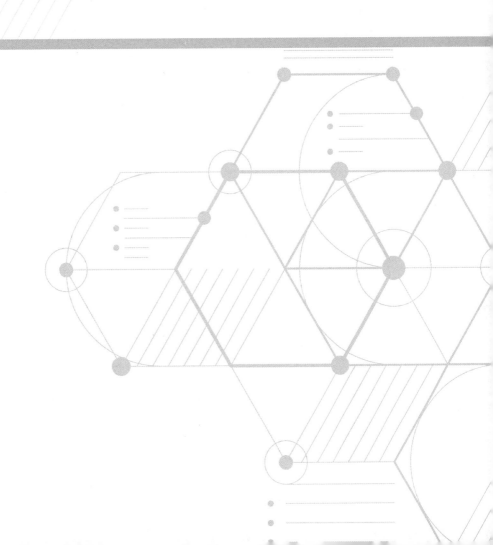

第 3 章

——

机械加工过程能耗建模

机械加工过程能耗分析与评估是减少加工过程能耗的基础。为此，本章从机械加工设备、机械加工工艺、机械加工工件三个角度介绍了机械加工过程能耗建模方法。

3.1 机械加工设备能耗建模

本节仍以数控机床为对象，分析机械加工设备的能耗特性，进一步基于数控代码和动态过程对机械加工设备能耗进行建模。

3.1.1 机械加工设备的能耗特性

1. 数控机床的工作原理

如图 3-1 所示，数控加工中的各种动作都是事先由编程人员在程序中用指令方式予以规定的，包括 G 代码、M 代码、F 代码、S 代码、T 代码等。G 代码和 M 代码统称为工艺指令，是程序段的主要组成部分。在上述代码中，G 代码、F 代码与刀具的运动及各坐标轴的运动有关；而 S 代码与主轴转速的控制有关，T 代码与刀具的选择有关，M 代码是控制机床辅助动作的指令，与插补运算无直接关系，如主轴的正转、反转与停止，切削液的开与关，工件的夹紧与松开，换刀，转台的分度，计划停止，程序停止，尾座的进退等。

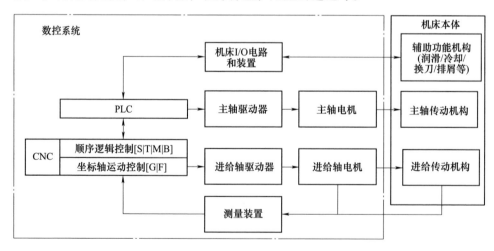

图 3-1 数控机床控制原理

计算机数控（computer numerical control，CNC）装置主要由硬件和软件两大部分组成，它是在早期的硬件数控（NC）基础上发展起来的。CNC 装置通过数据输入、数据存储、译码处理、插补运算和信息的输出，控制数控机床的执行部件运动，实现零件的加工。CNC 系统一般通过键盘、RS232C 接口等方式输入信息，输入的内容包括零件数控加工程序、控制参数和补偿参数。译码处理则是将程序段中的零件轮廓信息（如起点、终点、直线或圆弧等）、加工速度信息（F 代码）和其他辅助信息（M、S、T 代码等）按照一定的语法规则解释成微处理器能够识别的数据形式，以一定的数据格式存放在指定存储器的内存单元，然后进行刀具补偿和速度控制处理。插补是在一条给定了起点、终点和形状的曲线上进行"数据点的密化"。

此外，现代数控机床装置采用 PLC 取代了传统的机床电气逻辑控制装置，利用 PLC 的逻辑运算功能实现 M、S、T 功能（如主轴的正转、反转及停止，换刀机械手的换刀动作，工件的夹紧、松开，切削液的开、关）；实现机床外部开关量信号（各类控制开关、行程开关、接近开关、压力开关和温控开关等）控制功能；实现输出信号控制功能（PLC 输出的信号经强电柜中的继电器、接触器，通过机床侧的液压或气动电磁阀，对刀库、机械手和回转工作台等装置进行控制，另外还对冷却泵电机、润滑泵电机及电磁制动器等进行控制）；实现伺服控制功能（通过驱动装置，驱动主轴电机、伺服进给电机和刀库电机等）；实现报警处理功能及其他介质输入装置互联控制功能。

▶▶ **2. 数控机床能耗动态特性**

数控机床加工过程是一个动态变化的过程，其能耗的动态特性主要包括受加工任务影响的动态特性、受运行状态影响的动态特性以及受加工参数影响的动态特性。

（1）数控机床能耗受加工任务影响的动态特性　机械加工车间分配到特定数控机床上的加工任务是变化的，即在该数控机床上加工的工件是变化的。进一步，一个工件由若干不同的加工特征（如外圆、孔、型腔、端面等）组成，因此，即使加工一个工件，数控机床也会因为加工不同特征而呈现动态变化的功率消耗。如图 3-2 所示（为充分展示切削阶段功率变化情况，图 3-2 未将主轴起动时的完整功率尖峰画出），某零件具有 5 种加工特征，数控机床在加工该零件不同加工特征过程中呈现出 5 种功率消耗情况。具体原因在于，不同加工特征所采用的刀具、工艺参数及冷却策略等不同。刀具变化将影响换刀系统的运行；工艺参数不同将影响耗能部件的运行参数及加工负载大小；冷却策略将影响冷却系统的使用等。因此，数控机床加工任务（或加工特征）具有动态变化性，并且会动态影响数控机床的能耗过程。

（2）数控机床能耗受运行状态影响的动态特性　根据 ISO 14955-1 标准对数控机床运行状态的划分，见表 3-1，将数控机床的运行状态划分为停机、待机、准备、空载以及加工五个独立的状态，并以从图 3-2 中截取的加工特征（1）的

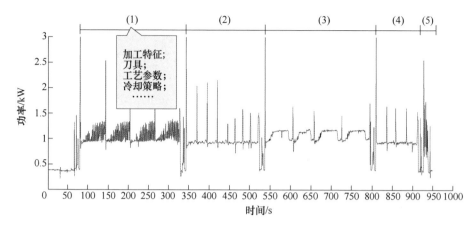

图 3-2 受加工任务影响的能耗动态特性

功率曲线为例来分析数控机床运行状态的动态性。如图 3-3 所示，该数控机床的运行状态随着机床加工的进行而发生变化，数控机床先处于准备状态，当主轴起动（功率曲线上出现尖峰）机床进入了空载状态，随着刀具接触工件，机床的运行状态又由空载状态进入加工状态；同时，数控机床运行状态也随着机床加工过程对不同部件的需求而变化，如主轴系统在第一个尖峰之前处于关闭状态，为了满足加工需求，需要将主轴加速到给定速度，因此第一个尖峰后主轴系统处于开启状态来满足后续的加工需求。因此，数控机床运行状态具有动态变化性，该动态变化性可反映加工任务所采用的策略信息，通过对该动态性的分析可为机床的能耗调控提供支持。

表 3-1 数控机床的运行状态

运行状态	电源	控制系统	外围设备	加工单元	运动单元	运动轴
停机	关	关	关	关	关	无运动
待机（外围开）	开	开	关	关	关	无运动
待机（外围关）	开	开	开[1]	关	关	无运动
准备	开	开	开[1]	保持	保持	无运动
空载	开	开	开[1]	开（无加工）	开	运动
加工	开	开	开[1]	开（加工）	开	运动

[1] 外围设备可能并未运转，只是处于使能状态，因为外围设备的运行还取决于额外的条件，如工作区冷却单元的运行取决于环境温度。

（3）数控机床耗能部件受加工参数影响的动态特性 与普通机床相比，数控机床的结构和能耗特征有很大区别，数控机床耗能部件更多，能耗形式更复杂，数控机床的能耗涉及机、电、液领域。数控机床部件的能耗除了与自身的结构配置有关，还与其相应的加工参数（如切削参数、材料等）有关。本节对

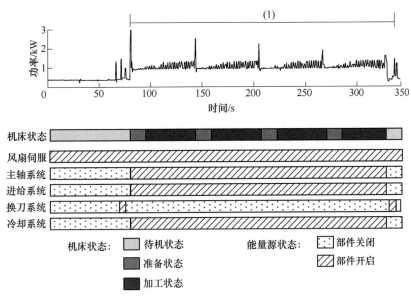

图 3-3 受运行状态影响的能耗动态特性

HAAS 五轴加工中心的空载功率与运行参数的关系进行了试验研究，试验结果如图 3-4 所示。由图 3-4 可知，机床的空载功率随主轴转速的变化而呈现动态变化，如在主轴转速 2600r/min 和 3200r/min，机床的空载功率分别为 P_1 和 P_2。因此，由于加工参数的变化，会导致机床能耗呈现动态变化性。

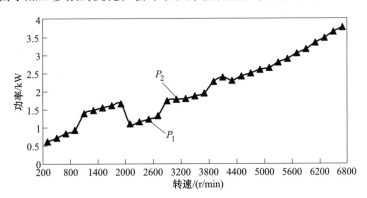

图 3-4 受加工参数影响的能耗动态特性

3.1.2 基于数控代码的机械加工设备能耗建模

数控（NC）是数字控制（numerical control）的简称，是一种利用数字化信息对机床的机械运行及加工过程进行控制的方法。数控加工过程的指令（数控代码）由两个部分组成：一部分是数控刀具的运动控制指令，用于控制机床各坐标轴的运动，在 NC 代码中该部分的指令是用 G、F 代码表示；另一部分是顺序逻辑动作控制指令，在 NC 代码中该部分的指令是用 S、T、M（B）代码表示。顺序逻辑控制指令用以控制主轴速度，刀具选择以及程序的运行和停止，主轴的起停和正反向，刀具的更换，工作台的更换，转台的分度，工件的夹紧和松开，尾座的进退，切削液的开关，量仪的进退，以及刀具运动和顺序动作的协调等。

由此可见，数控代码反映了机械加工设备的能耗运行过程，因而基于数控代码的能耗建模方法可以用于对机械加工设备能耗进行评估量化分析。该方法对数控代码与设备各耗能部件运行状态的映射关系进行分析，在此基础上对数控代码进行解析；同时，将设备耗能部件进行分解，分别建立其能耗模型；最后基于上述能耗模型以及解析所获取的部件运行参数，实现对设备能耗的评估量化分析。

▶▶ 1. 数控代码与设备耗能部件运行状态的映射关系

数控机床在 CNC 下，先将 NC 代码解析成坐标运动控制指令代码（G、F）和顺序逻辑控制代码 [S、T、M(B)]。对于运动控制代码而言，CNC 将坐标运动控制指令通过轨迹规划（包括速度规划、加速度规划）和插补算法转化成脉冲指令，通过伺服驱动器控制伺服电动机运动，伺服电动机带动工作台或者刀具按照预先设定的轨迹做曲线运动。对于逻辑控制代码而言，先由 CNC 将顺序逻辑控制代码 [S、T、M(B)] 编译成 F 信号发给 PLC，PLC 通过逻辑控制程序处理，将处理结果（Y 信号）输出到 I/O 模块转换成高/低电平，驱动光电开关的开/关，控制外围电路实现既定的机床辅助功能；反过来，机床辅助功能的执行情况通过电路（或者开关等）反馈到 PLC 的 I/O 模块的输入端上，通过光电开关转化为 X 信号输入到 PLC 相应的寄存器，PLC 通过程序处理成为 G 信号返回给 CNC 系统，供 NC 系统监控机床所有动作。其中，X 信号分为机床操作者产生的信号和机床的状态信号。前者如机床操作面板上的按钮、开关和机床运动部件的限位开关，后者如液压、气动、润滑等装置，继电器电路，机床强电电路等的信号。来自机床的 X 信号，经 PLC 处理后，送给 CNC，定义为 G 信号。其中，G、F 信号由 CNC 厂家定义；X、Y 信号由机床厂家定义。

由数控机床上述工作原理可知，数控机床各耗能部件都在 CNC 的统一控制之下，NC 代码不仅完成了对机床的坐标运动控制，也完成了对机床外围设备的顺序逻辑控制。数控机床中每个耗能部件的执行机构和控制系统在完成规定轨迹运动、辅助功能的同时也会消耗能量。

由 ISO 14955-1 标准可知，数控机床涉及机床主轴电机、进给电机、辅助系统等多个耗能部件,因此数控机床的能耗不仅包含去除材料消耗的能耗,还包含了维持数控机床运行的能耗:主轴电机提供切削力用于去除材料;进给电机带动工作台/刀具做曲线运动;换刀电机、冷却泵电机等提供换刀、冷却、润滑等必要的辅助功能;风扇电机和伺服系统在机床一开机就消耗能量来维持机床设备的基本运行;其他的耗能部件的能量需求则依赖于机床运行状态。

数控机床耗能部件运行状态对应的代码类型可以通过机床相关的技术文档获得。因此,通过获取的详细 NC 代码类型,就可以将 NC 代码解析成相应耗能部件的运行状态。表 3-2 给出了 NC 代码(以 FANUC 为例)与机床动作以及对应的耗能部件,如 M03 和 M04 指令意味着主轴电机处于开启运行状态,而 M00、M01、M02、M05、M30 等指令是将主轴电机关闭。

表 3-2 NC 代码与机床耗能部件运行状态的对应关系

NC 代码类型	对应耗能部件	机床运行动作	FANUC 对应指令集(部分)
M 代码	主轴	主轴电机开	M03、M04
		主轴电机关	M00、M01、M02、M05、M30
	X、Y、Z 进给轴	进给电机停	M00、M01、M02、M30
	冷却泵	冷却泵电机开	M07、M08
		冷却泵电机关	M00、M01、M02、M09、M30
S 代码	主轴	主轴速度	S×× (××为指定的速度值)
G 代码	X、Y、Z 进给轴	进给快进	G00
		进给插补	G01、G02、G03
F 代码	X、Y、Z 进给轴	指定进给轴速度	F×× (××为指定的速度值)
T 代码	换刀系统	换刀	T×× (××为指定刀具编号)

▶ 2. 设备耗能部件的能耗模型

由前述分析可知,机械加工设备的能耗可以分解为各部件能耗,如主轴、进给轴、冷却泵电机和换刀电机等能耗以及其他电器件固定基础能耗。因此,加工设备的总能耗可以表示为各耗能部件的能耗总和。

$$E_{\text{total}} = E_{\text{spindle}} + E_{\text{feed}} + E_{\text{tool}} + E_{\text{cool}} + E_{\text{fix}} \tag{3-1}$$

式中,E_{total} 是机械加工设备的总能耗;E_{spindle}、E_{feed}、E_{tool}、E_{cool}、E_{fix} 分别是主轴电机、进给电机、换刀电机和冷却泵电机等耗能部件的能耗以及基础能耗。

(1)主轴系统的能耗模型 数控机床主轴系统的能耗主要与工件材料去除相关。从主轴电机到刀具/工件的能量流如图 3-5 所示。

如图 3-5 所示,主轴系统的能耗 E_{spindle} 可以进一步划分为保持主轴运行状态的主轴传动模块消耗的能量 E_{m} 和用于工件的材料去除的能耗 E_{c}。因此,主轴系

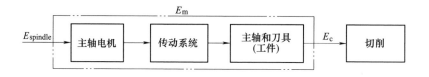

图 3-5 主轴的能量流

统的能耗 E_{spindle} 可以表示成式（3-2）。

$$E_{\text{spindle}} = E_{\text{m}} + E_{\text{c}} = \int_{t_{\text{ms}}}^{t_{\text{me}}} P_{\text{m}} \mathrm{d}t + \int_{t_{\text{cs}}}^{t_{\text{ce}}} P_{\text{c}} \mathrm{d}t \tag{3-2}$$

式中，P_{m} 是保持主轴运行状态的主轴传动模块消耗的功率；P_{c} 是切削功率；t_{ms} 和 t_{me} 分别是主轴运行的开始和停止时间；t_{cs} 和 t_{ce} 分别是切削的开始和结束时间。

1）E_{m} 能耗模型。主轴传动模块消耗的能量 E_{m} 为主轴电机在没有进行切削时的输入能量，E_{m} 可以简化为主轴电机空载能耗。因此，P_{m} 可以表示为主轴电机空载功率。例如：重庆大学刘飞所在的研究团队的研究表明，给定机床的主轴转速 n，那么主轴电机的空载功率 P_{m} 就可以确定为一个常数。因此，P_{m} 可以表达为主轴转速 n 的函数，即

$$P_{\text{m}} = f(n) \tag{3-3}$$

通过简单的统计测量方法就可以获取特定机床的主轴电机的空载功率 P_{m} 在不同转速 n 下的大小，其中主轴转速 n 和其他运行参数可以很容易地从 NC 文件的 S 代码和 M 代码获取。

2）E_{c} 能耗模型。基于式（3-2）中的切削功率 P_{c} 和切削时间参数来计算切削过程中的切削能耗 E_{c}。其中，切削时间参数可以通过 NC 代码中获取的刀具路径和切削速度 v_{c} 来计算，而切削功率 P_{c} 可以表示为式（3-4）。

$$P_{\text{c}} = F_{\text{c}} v_{\text{c}} \tag{3-4}$$

式中，F_{c} 是切削力。

F_{c} 理论上可以表达为相关切削参数的函数。对于铣削加工，F_{c} 可以表达成式（3-5）。

$$F_{\text{c}} = f(v_{\text{c}}, s_{\text{z}}, l, B, A, z) \tag{3-5}$$

式中，s_{z}、l、B、A 和 z 分别是每齿进给量、铣削深度、铣刀接触长度、刀具圆心与工件轴心的偏差量和铣刀齿数。

由于式（3-5）中需要的参数很多也很复杂，而且在实际中很难获取，因此，采用单位面积切削力 f_{u} 来简化式（3-5）中切削力的计算。基于此，切削力 F_{c} 可以表达成式（3-6）。

$$F_c = f_u Bl \tag{3-6}$$

（2）进给系统的能耗模型　进给系统消耗的能量用于维持工作台或切削刀具在给定进给速度下的运动。数控机床上进给电机的数量一般与 NC 控制的进给轴数量相同。例如，一个三轴的数控机床就装备了三台进给电机，包括 X 轴进给电机、Y 轴进给电机和 Z 轴进给电机。假设 m 为进给电机的数量，进给电机的能耗可以表达成式（3-7）。

$$E_{feed} = \sum_{i=1}^{m} \int_{t_{fs_i}}^{t_{fe_i}} P_i dt \tag{3-7}$$

式中，P_i、t_{fe_i}、t_{fs_i} 分别是第 i 个进给电机的功率、开始运行时间和停止时间。

由表 3-2 中 NC 代码与数控机床进给电机的运行状态可见，进给轴工作在两个不同的状态下，即快速进给和给定的进给速度下的进给。因此，进给电机的能耗可以分为快速进给能耗 E_{feed}^r 和给定进给速度的进给能耗 E_{feed}^f。

1）E_{feed}^r 能耗模型。快速进给能耗 E_{feed}^r 是由进给电机提供的，并且与刀具快速进给的路径、各轴快进时间和快进速度相关。假设三个轴数控机床从 $A(x_1, y_1, z_1)$ 以快进速度 v_r 快进到 $B(x_2, y_2, z_2)$，而且 $|x_2-x_1| \geqslant |y_2-y_1| \geqslant |z_2-z_1|$，其刀具快进路线如图 3-6 所示。

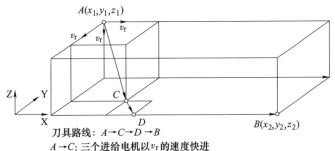

刀具路线：$A \to C \to D \to B$
$A \to C$：三个进给电机以 v_r 的速度快进
$C \to D$：X轴和Y轴进给电机以 v_r 的速度快进
$D \to B$：X轴进给电机以 v_r 的速度快进

图 3-6　刀具快进路线

首先，三个进给电机以 v_r 速度从 A 快进到 C；然后 Z 轴进给电机停止，X 轴进给电机和 Y 轴进给电机接着从 C 快进到 D；最后，X 轴进给电机从 D 快进到 B。

假设各进给电机的功率表示成 P_x^r、P_y^r 和 P_z^r，那么快速进给的能耗可以由式（3-8）获得。

$$E_{feed}^r(A \to B) = \int_{t_A}^{t_B} P_x^r dt + \int_{t_A}^{t_D} P_y^r dt + \int_{t_A}^{t_C} P_z^r dt \tag{3-8}$$

由于各进给电机都在相同的快进速度 v_r 下运行，因此，式（3-8）又可以表达如下：

$$E_{\text{feed}}^{\text{r}}(A \to B) = (P_x^{\text{r}} + P_y^{\text{r}} + P_z^{\text{r}})(t_C - t_A) + (P_x^{\text{r}} + P_y^{\text{r}})(t_D - t_C) + P_x^{\text{r}}(t_B - t_D)$$

$$(3-9)$$

其中

$$
\begin{aligned}
t_C - t_A &= (z_2 - z_1)/v_{\text{r}} \\
t_D - t_C &= (y_2 - z_1)/v_{\text{r}} \\
t_B - t_D &= (x_2 - y_1)/v_{\text{r}}
\end{aligned}
$$

$$(3-10)$$

2）$E_{\text{feed}}^{\text{f}}$ 能耗模型。与快进能耗类似，$E_{\text{feed}}^{\text{f}}$ 能耗也与刀具路径、各轴进给时间和进给速度相关，这些可以通过伺服差值来控制。数值增加差值常用于现代数控机床。数值增加差值中，两个进给轴的线性插补如图 3-7 所示。

给定 $A(0, 0)$、$B(x_b, y_b)$ 和 $C(x_c, y_c)$ 的线性插补点，两个进给电机的能耗可以表示成式（3-11）。

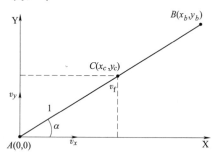

图 3-7　两个进给轴的线性插补

$$E_{\text{feed}}^{\text{f}}(A \to B) = \int_{t_A}^{t_B} (P_x^{\text{f}} + P_y^{\text{f}}) \, \mathrm{d}t$$

$$(3-11)$$

式中，P_x^{f} 和 P_y^{f} 是两个进给电机分别在进给速度 v_x 和 v_y 下的功率，其中

$$v_x = v_{\text{f}}\cos\alpha$$

$$(3-12)$$

$$v_y = v_{\text{f}}\sin\alpha$$

$$(3-13)$$

如果忽略进给速度的加速和减速过程，从 A 到 B 的进给合成速度 v_{f} 可以认为是固定不变的。根据式（3-12）、式（3-13），各进给电机的速度也是固定的，这意味着各进给电机的运行时间是相同的。因此，式（3-11）可以表达成

$$E_{\text{feed}}^{\text{f}}(A \to B) \approx (P_x^{\text{f}} + P_y^{\text{f}})(t_B - t_A)$$

$$(3-14)$$

其中

$$t_B - t_A = \frac{\sqrt{x_b^2 + y_b^2}}{v_{\text{f}}}$$

$$(3-15)$$

式（3-10）和式（3-15）中所需的速度参数都可以通过 NC 代码提取。由于切削力对进给电机功率产生的影响较小，因此进给电机的空载功率可以近似作为加工过程能耗的输入功率。

（3）换刀系统能耗模型　换刀系统的能耗主要受刀具转台的速度影响。换刀电机旋转刀具转台到 NC 代码中给定的刀具位置，其能耗可以表示成

$$E_{\text{tool}} = P_{\text{tool}} t_{\text{tool}}$$

$$(3-16)$$

式中，P_{tool}是换刀电机的功率；t_{tool}是转台旋转的时间，可以表达成式（3-17）。

$$t_{tool} = \frac{pos_0 - pos_a}{num_{pos} n_{tool}} \tag{3-17}$$

式中，pos_0、pos_a、num_{pos}和n_{tool}分别是转台初始位置、NC代码需要的刀具摆放的位置、转台的刀架数、转台的转速。换刀电机的功率P_{tool}对于具体的数控机床而言是一个固定值，可以从机床的技术文档中获取。

（4）冷却泵系统的能耗模型   冷却泵系统的能耗可以通过式（3-18）计算：

$$E_{cool} = P_{cool}(t_{coe} - t_{cos}) \tag{3-18}$$

式中，P_{cool}是冷却泵电机的功率，对于具体数控机床，其冷却泵电机的功率也是一个固定值；$(t_{coe} - t_{cos})$是冷却泵电机的运行时间，可以通过NC代码中的M代码获取。

（5）固定基础能耗模型   风扇、数控系统等消耗的能量构成了机床的固定基础能耗，这部分能耗用于维持机床处于基础运行状态。因此，机床的基础能耗可以表达为

$$E_{fix} = (P_{servo} + P_{fan})(t_e - t_s) \tag{3-19}$$

式中，P_{servo}和P_{fan}分别是数控系统和风扇电机的功率；$(t_e - t_s)$是在整个NC代码下机床的运行时间。

▶▶ 3. 基于数控代码的设备能耗建模流程

基于数控代码的机械加工设备能耗建模流程如图3-8所示。首先，读取设备加工的数控代码，解析数控代码类型相对应的耗能部件；然后，依据上节建立的设备耗能部件的能耗模型，对各部件的能耗进行建模计算获得相应的能耗值；最后，将各耗能部件的能耗值累加，得到执行该段数控代码的设备加工能耗。

（1）加工NC代码的解析   加工NC代码的解析过程可通过计算机将NC代码文件读入，并对各行代码进行分割获得相应代码块，即各行NC代码的G代码块、M代码块、S代码块、F代码块、X代码块和Z代码块。具体的子步骤如下：

1）将加工NC代码文件按行读入，并以一维字符串数组的形式存到计算机存储空间中。

2）按顺序读取一维字符串数组，以"空格符"为分割符将获得的各行NC代码划分成多个代码块，如G代码块、M代码块、S代码块、F代码块、X代码块和Z代码块，并以二维数组的形式存储到计算机。

3）根据表3-2，查询各代码块对应的设备部件。

（2）加工设备各部件的能耗计算   进一步对读取的NC代码进行解析，获得加工设备各耗能部件的运行状态参数，然后将解析获取的部件运行状态参数，输入到设备耗能部件的能耗模型中，获得相应的部件能耗。具体的子步骤如下：

1）对 NC 代码进行解析。按顺序读取从 NC 代码模块获得的二维数组，在 NC 代码与设备部件的映射关系表里查找各行分割后的代码块，获得每个代码块对应的设备耗能部件的运行状态，提取的过程如下：

① M 代码块中的 M03、M04 可以提取主轴的开启状态，M05、M30 可以提取主轴停止状态，M07、M08 可以提取冷却泵开启状态，M09、M30 可以提取冷却泵停止状态。

② G、X、Z 代码块可以提取 X、Z 轴进给电机的运行状态和 X、Z 轴坐标变化情况。

③ S 代码块可以提取主轴电机的转速信息。

④ F 代码块可以提取进给电机的转速信息。

⑤ 一旦设备开机，基础耗能部件就开始运行。

将提取的结果以二维数组的形式存储到计算机。基于上述提取的二维数组中各行 NC 代码的 G、X、Z、F 代码块信息，根据 G 代码提取不同的计算规则，如直线插补计算规则、圆弧插补计算规则以及特殊循环计算规则，计算每行 NC 代码的加工时间。

2）根据获取的运行状态参数计算设备各部件的能耗：将步骤 1）中解析获取的设备耗能部件运行状态参数，输入到部件的能耗模型中，计算获得设备各耗能部件的能耗，具体过程如下：

① 根据 S 代码块获得主轴转速 n_s 和实验获得的各耗能部件的基础功率数据库，可以计算主轴空载功率 P_m；根据 M 代码和 G 代码计算主轴的运行时间 t_{ms} 和 t_{me}；将主轴空载功率 P_m 和运行时间 t_{ms} 和 t_{me} 输入式（3-2）中，计算主轴系统消耗的能量 E_m。

② 结合 M 代码和 G 代码计算冷却泵系统的运行时间 t_{cos} 和 t_{coe}。将运行时间 t_{cos}、t_{coe} 和获取的冷却泵电机功率 P_{cool} 输入式（3-18），就可计算冷却泵电机的能耗 E_{cool}。

③ 根据 G 代码和 F 代码获得的进给电机运行参数计算进给系统的能耗。如果 G 代码为 G00，而且没有获得 F 代码，那么采用式（3-9）计算快进能耗 E_{feed}^r；否则采用式（3-14）计算进给能耗 E_{feed}^f。

④ 根据 T 代码获得换刀电机的运行时间 t_{tool} 以及功率 P_{tool}，输入式（3-16）计算换刀系统能耗 E_{tool}。

⑤ 通过 NC 代码的 G 代码可以获得该段 NC 代码运行时间 t_{fix}，并采用式（3-19）计算基础能耗 E_{fix}，其中 P_{fix} 是数控系统和风扇电机的功率之和。

⑥ 根据 NC 代码获取该段 NC 代码采用的切削参数信息，通过式（3-4）和式（3-6）来计算切削功率 P_c，并通过 F 代码和 G 代码以及刀具路径来计算切削时间 t_{cs} 和 t_{ce}，最后输入式（3-2）中计算切削能耗。图中，f_u 表示单位切削力。

（3）执行该段 NC 代码的设备加工能耗评估　根据步骤（2）中计算的各耗能部件的能耗值，通过累加的方法计算出设备加工能耗。

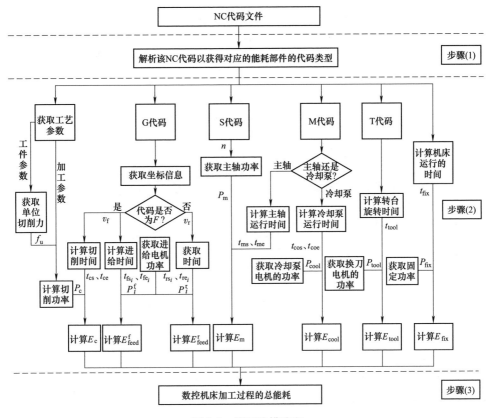

图 3-8　能耗建模流程

在基于数控代码进行机械加工设备能耗计算之前，需要先进行一些基础功率数据的准备工作，这些功率数据可以通过一些简单的测量获取，或者参考机床和部件的技术文档。这些基础功率数据包括主轴电机空载功率 P_m、进给电机功率（P_x^r、P_y^r、P_z^r、P_x^f、P_y^f、P_z^f）、换刀电机功率 P_{tool}、冷却系统电机功率 P_{cool}、风扇电机功率 P_{fan}、数控系统功率 P_{servo}。

对换刀电机功率 P_{tool}、冷却系统电机功率 P_{cool}、风扇电机功率 P_{fan} 和伺服系统功率 P_{servo} 等恒定功率，可以通过参考机床和部件的技术文档，也可以分别在电机输入端安装功率传感器，起动相应的耗能部件到稳定运行状态后，记录相应的功率值，即为该部件的功率值。由于主轴电机空载功率 P_m 和进给电机的空载功率取决于主轴转速和进给速度，因此对主轴电机空载功率数据，需要根据转速范围设定一系列转速，采集设定转速的空载功率数据，形成转速-功率数据表；进给电机的功率数据的采集过程类似。

4. 案例分析

（1）案例分析一

为了更好地理解上述基于数控代码的机械加工设备能耗建模方法，在一台加工中心上进行试验。试验工件如图 3-9 所示，其宽为 10mm，厚度为 0.2mm。工件材料和工艺参数见表 3-3。

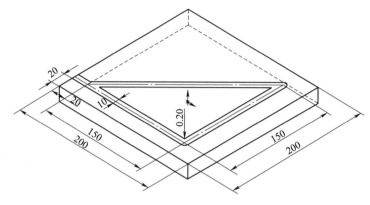

图 3-9 试验工件

表 3-3 工件材料和工艺参数

参数	取值	参数	取值
工件材料	C45	切削深度	0.2mm
主轴速度	2000r/min	铣床型号	PL700
进给速度	1500mm/min		

根据加工需求和工艺参数的要求，制定了加工 NC 代码。基于 NC 代码的读取和解析，获得数控机床各耗能部件的运行状态参数信息，见表 3-4。

表 3-4 基于 NC 代码的能耗评估的详细信息

NC 代码	详细信息	
	部件	运行状态描述
N100 G21	风扇电机和伺服系统	机床开机
N104 … G0 X0 Y0	进给电机	快进到 X0, Y0
S2000 M03	主轴电机	主轴在 2000r/min 速度下转动
N106 … Z100	Z轴进给电机	快进到 Z100，然后再快进到 Z3
M8；N108 Z3	冷却泵电机	冷却泵电机开启
N110 G1 Z-0.2 F300	Z轴进给电机	以 300mm/min 的进给速度进给到 Z-0.2

（续）

NC 代码	详细信息		
	部件	运行状态描述	
N112 X170 F1500	X 轴进给电机	以 1500mm/min 的进给速度进给到 X170	
N114 Y150	Y 轴进给电机	以 1500mm/min 的进给速度进给到 Y150	
N116 X20 Y0	X 和 Y 轴进给电机	以 1500mm/min 的进给速度进给到 X20 Y0	
N118 Z3 F300 N120 G0 Z100	Z 轴进给电机	以 300mm/min 的进给速度进给到 Z3 然后快退到 Z100	
N122 M05	主轴电机	主轴电机关	
	冷却泵电机	冷却泵电机关	
N124 M30	风扇电机和伺服系统	关闭机床	

基于获取的加工中心各耗能部件的基础功率数据和 NC 代码提取的各耗能部件运行状态参数，如主轴转速和进给轴转速，可以获取各耗能部件的功率参数，见表 3-5。进一步，基于表 3-4 的详细信息、表 3-5 的功率参数以及设备耗能部件的能耗模型，工件加工过程中各耗能部件的能耗见表 3-6。

表 3-5　各耗能部件的功率参数

耗能部件的功率参数	量值/W	耗能部件的功率参数	量值/W
$P_{servo}+P_{fan}$	601	P_z^r	770
P_{cool}	340	P_z^f	32
P_x^f	15	P_m	160
P_y^f	15	P_c	100

表 3-6　加工试验工件过程中各耗能部件的能耗

能耗	耗能部件	能耗/$(10^{-3}kW \cdot h)$
E_{fix}	风扇电机和伺服系统	3.97
E_{cool}	冷却泵电机	2.24
E_{feed}^f	X 轴进给电机（进给速度）	0.06
	Y 轴进给电机（进给速度）	0.06
	Z 轴进给电机（进给速度）	0.01
E_{feed}^r	Z 轴进给电机（快进）	0.26
E_m	主轴电机空载（保持主轴运行的能耗）	1.06
E_c	主轴电机加工（用于切削加工）	0.59
	总能耗	8.25

将上述能耗建模的评估值和实际加工能耗值进行了对比分析，如图 3-10 和图 3-11 所示。由图 3-10 所示的评估能耗和实测能耗的对比结果可知，评估获取的数控机床各耗能部件能耗百分比与实测值几乎一样。对于评估值和实测值两者而言，最大的能耗都是由风扇电机和伺服系统产生的，而且这部分能耗占总能耗的48%；约27%的总能耗是由冷却泵电机消耗；主轴电机的空载能耗占总能耗的13%，因此主轴电机的空载能耗不能被忽略，但是进给电机的能耗却很低；切削能耗也只占总能耗的7%。

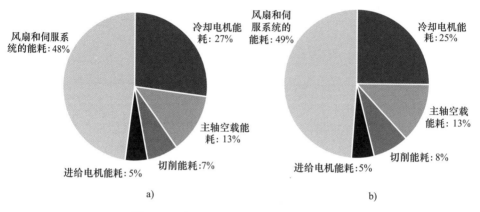

图 3-10 能耗的评估值和实测值的百分比

a) 评估值 b) 实测值

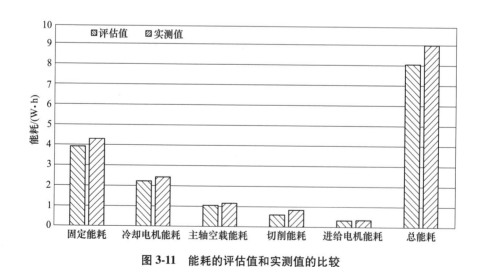

图 3-11 能耗的评估值和实测值的比较

图 3-11 进一步对 NC 代码加工过程的能耗的评估值和实测值进行比较。结果表明，各耗能部件的评估值都比实测值小，而且评估获取的总能耗比实测值

小 9.3%。造成能耗的评估值和实测值不同的原因有很多，例如在实际加工过程中，在改变机床运行状态的过程中有许多瞬态，如机床起动过程，然后这时候消耗的能量没有考虑到本方法里面。而且，评估时使用的时间比实际的时间要短，因为本方法忽略了数控机床的速度变化过程（加速和减速过程）。

（2）案例分析二　为了进一步验证上述能耗建模方法，以一个铣削样件加工为例（图 3-12），对设备能耗建模过程进行分析。该工件的加工要求包括左横切面、ϕ178mm 孔的粗精加工，以及台阶面精加工。基于数控代码的读取和解析，获取设备各耗能部件的运行状态参数信息，见表 3-7。

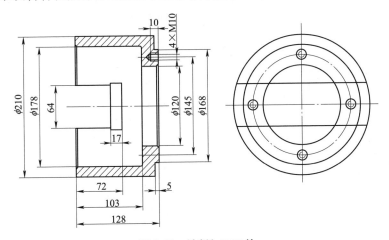

图 3-12　铣削加工工件

表 3-7　设备各耗能部件的运行状态参数信息

NC 代码	详细信息	
	耗能部件	运行状态描述
N10 M03 S200 M08	风扇电机和伺服系统	机床开机
	主轴电机	主轴电机起动，主轴转速为 200r/min
N20 G00 X215.0 Z128.0	进给电机	快进到 X215.0，Z128.0
N30 G01 X110.0 F80	X 轴进给电机	X 轴进给速度为 80mm/min，加工时间为 39.4s
N40 G00 X110.0 Z133.0	Z 轴进给电机	Z 轴快进到 Z133.0
N50 G71 U1.0 R1.0 N60 G71 P70 Q120 U0.5 W0.2 F80	X、Z 轴进给电机	X、Z 轴电机运行，进给速度为 80mm/min，加工时间为 2799.6s
N70 G01 X180.0 F20	X 轴进给电机	以 20mm/min 的速度进给到 X180.0，加工时间为 3s

（续）

NC 代码	详细信息	
	耗能部件	运行状态描述
N80 Z128.0	Z 轴进给电机	以 20mm/min 的进给速度进给到 Z128.0，加工时间为 15s
N90 X178.0 Z127.0	X 和 Z 轴进给电机	以 20mm/min 的进给速度进给到 X178.0 Z127.0，加工时间为 4.2s
N100 Z26.0	Z 轴进给电机	以 20mm/min 的进给速度进给到 Z26.0，加工时间为 303s
N110 X176.0 Z25.0	X 和 Z 轴进给电机	以 20mm/min 的进给速度进给到 X176.0 Z25.0，加工时间为 4.2s
N120 X115.0	X 轴进给电机	以 20mm/min 的进给速度进给到 X115.0，加工时间为 91.5s
N130 G00 X110.0 Z200.0	X 和 Z 轴进给电机	快退到 X110.0 Z200.0，快退时间为 2s
N140 M05 M09	主轴电机	主轴电机停止运转
N150 M30	风扇电机和伺服系统	机床关机

基于获取的基础功率数据和 NC 代码提取的各耗能部件运行状态参数，如主轴转速和进给轴转速，可获取各耗能部件的功率参数，见表 3-8。

表 3-8　耗能部件的功率参数

耗能部件的功率参数		量值/W
$P_{servo}+P_{fan}$		312
P_x	20mm/min	15
	80mm/min	21
	5000mm/min	408
P_z	20mm/min	15
	80mm/min	21
	5000mm/min	408
P_m		375

将上述各耗能部件的运行状态参数以及功率数据输入到设备部件的能耗模型中，就可获得该工件在加工设备上的各部件能耗以及设备总能耗，见表 3-9。将设备部件能耗的建模评估值与加工实测值进行了对比，如图 3-13 所示，结果说明了基于数控代码的设备能耗建模方法获取能耗值与实测值是保持一致的。

表 3-9　设备耗能部件的能耗和加工总能耗

能耗	耗能部件	能耗/(10^{-3}kW · h)
E_{fix}	风扇电机和伺服系统	287.51
E_{feed}^f	X 轴进给电机（进给速度）	0.72
	Z 轴进给电机（进给速度）	17.41
E_{feed}^r	X 轴进给电机（快进）	0.10
	Z 轴进给电机（快进）	5.24
E_m	主轴电机空载（保持主轴运行的能耗）	345.56
E_c	主轴电机加工（用于切削加工）	1311.26
	总能耗	1967.80

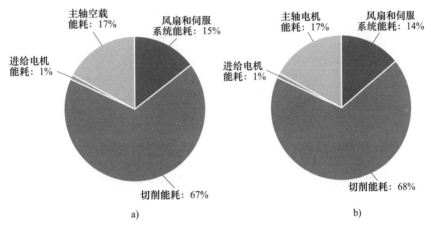

图 3-13　设备部件能耗的建模评估值与加工实测值的百分比对比

a）评估值　b）实测值

3.1.3　面向动态仿真的机械加工设备能耗建模

据上所述，机械加工设备加工过程总是伴随着复杂的动态能耗特征。因此，为了分析数控机床的动态能耗特征，提出了面向动态仿真的机械加工设备能耗建模方法，从全局的角度对机床能耗进行建模评估与分析。

1. 设备能耗动态建模框架

结合分层的面向对象 Petri 网（hierarchical object-oriented Petri net，HOONet）和部件能耗模型，建立数控机床动态加工过程的能耗模型。其中 HOONet 模型用于描述数控机床及其耗能部件运行状态的动态特性、加工任务及其加工参数变化的动态性，耗能部件模型用于描述数控机床耗能部件受加工参数影响的动态特性。最后通过 HOONet 中"变迁"蕴含的信息来驱动耗能部件模型，从而实现对数控机床动态加工过程的能耗建模。

根据数控机床能耗的动态特性，并适应于多耗能部件参数化、模块化的耗能部件模型，选择分层的面向对象 Petri 网对机床的运行特征进行建模。HOONet 具有可重用性、可替换性，其抽象和细化机理可减小设计和分析过程的复杂程度。

机床能耗建模与仿真框架如图 3-14 所示，包含以下三个模块：

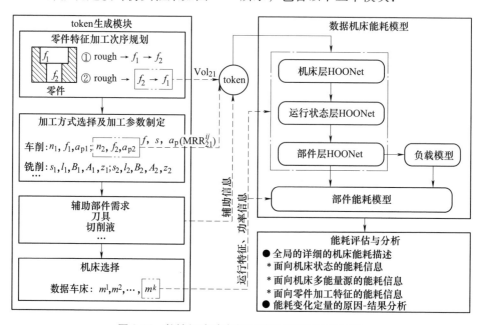

图 3-14　数控机床动态加工过程的能耗建模框架

① token 生成模块：数控机床的 HOONet 模型由特定的 token 驱动，这些 token 可由加工信息如工件的加工特征、工件的工艺卡片等生成。数控机床加工任务存在一定的柔性（如零件特征加工次序的变化、加工方式的选择、加工参数的变化、辅助部件的需求变化以及机床选择的不同）。本节首先规划零件特征的加工次序，在此过程中可获取加工每个特征需要去除的材料体积 Vol，在此基础上针对具体特征，确定其加工方式（如车削、铣削）以及加工参数（主轴转速 n、进给速度 f、背吃刀量 a_p 等）；其次确定在该加工方式及加工参数下的辅助部件需求（如刀具选择、切削液需求）；最后选择特定机床 m^k 以完成加工任务。

② 数控机床能耗模型模块：包括描述数控机床能耗过程运行状态动态性的 HOONet 模型、描述多耗能部件受加工参数动态影响的部件能耗模型以及描述特

定加工负载的负载模型。其中部件能耗模型和负载模型由机床 HOONet 模型驱动；负载模型作为部件能耗模型的加工负载源。

③ 能耗评估与分析模块：通过对数控机床动态加工过程的能耗进行建模和仿真，可以获得全局的详细的机床能耗信息（如面向机床状态的能耗信息、面向机床多耗能部件的能耗信息，以及面向零件加工特征的能耗信息），并且可进行定量的能耗变化的原因−结果分析，为机床动态加工过程的能耗提供一种评估方法，并为机床节能优化提供数据基础。

2. 设备加工过程 Petri 网建模

（1）分层的面向对象 Petri 网—HOONet 的定义　目前，不少学者致力于将面向对象的概念集成到 Petri 网中，如 LOOPN++、COOPN/2、OPNets 以及 G-Nets。表 3-10 从封装、抽象、继承、动态绑定、信息传递这几个特性角度对上述几种 Petri 网进行了比较。由表 3-10 可看出，HOONet 的各个特性均优于其他几类 Petri 网，因此，结合数控机床动态加工过程的特点，本节采用 HOONet 方法进行能耗建模。

表 3-10　不同 Petri 网对面向对象概念支持程度的对比

OPNs	封装	抽象	继承	动态绑定	信息传递
COOPN/2	O	△	O	×	△
LOOPN++	O	△	O	×	△
OPNets	O	△	×	×	△
G-Nets	O	×	×	×	△
HOONet	O	O	O	O	O

注：O—支持；△—部分支持；×—不支持。

HOONet 是一个 3 元组，HOONet=（OIP，ION，DD）满足如下条件：

对象识别库所（OIP）是一个特定的库所，它是类的唯一标识符，定义为 4 元组，OIP=（oip，pid，M_0，status），其中，oip 是 HOONet 的唯一变量名；pid 是一个过程标识符，包含返回地址，用来区分一个类的多个实例；M_0 是一个函数，将携带有特定值的 token 发送到 OIP；status 是一个标志变量，用来指定 OIP 的状态。

内部对象网（ION）是描述类的行为（方法）的网系统。ION 是变化的 CPN，代表属性的值变化以及方法的行为变化。HOONet 的内部结构（ION）定义为：ION=（P，T，A，K，N，G，E，F，M_0），其中，P 和 T 分别是有限的库所集和有限的变迁集；A 是有限的弧集且满足 $P \cap T = P \cap A = T \cap A = \varnothing$；$K$ 是一个函数，表示 P 与数据字典（DD）中声明过的 token 类型集的映射关系；N、G 和 E 分别是节点、防护和弧表达式；F 表示任意变迁到 OIP 的特定的弧；M_0 是任意库所的初始标识。

数据字典（DD）用来声明一个类的属性，包括变量、token 类型和函数。其中，token 类型可以分为两类：初始类型和抽象类型。初始 token 与 CPN 中 token 的含义相同；而抽象 token 由初始 token 混合组成，可以声明为"complex"或"record"类型，用于描述抽象库所的状态。当 HOONet 模型采用抽象信息描述时，其 token 也应采用抽象类型的 token 来描述，因为用详细信息描述的 token 不能够充分地表达模型中抽象行为的状态。虽然在抽象层对 token 类型进行详细的声明是被允许的，但这样描述的抽象状态不够简明，并且在进一步的细化过程中可能发生变化。HOONet 的一般结构如图 3-15 所示。

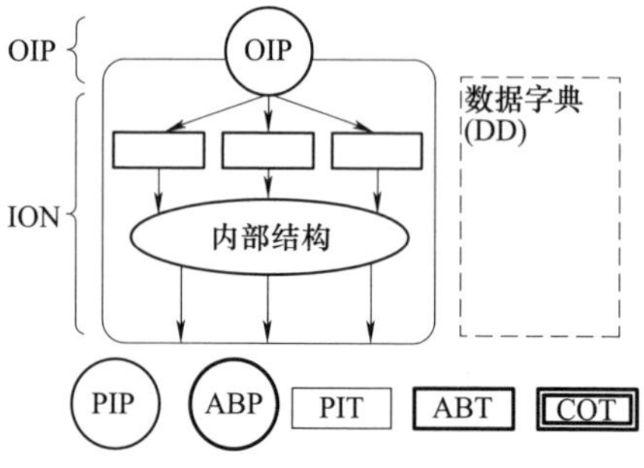

图 3-15　HOONet 的一般结构

当采用若干个 HOONet 特征对一个系统进行建模时，除了上述定义外，还需要定义抽象的信息（如抽象的状态和抽象的动作）以及定义子系统之间的相互作用。

HOONet 库所集 P 定义为：P =（PIP，ABP），其中，（PIP）是一个基本库所，与基本 Petri 网类似，用来表示系统的局部状态。抽象库所 ABP =（pn，refine-state，action）表示抽象状态，其中，pn 表示抽象库所名；refine-state 为标志变量，指示 ABP 的细化程度；action 模拟 ABP 的内部行为。在建模过程中可以对抽象库所 ABP 进一步细化，并用标志变量"refine-state"的值（true 或 false）来表明是否采用 HOONet 特征对 ABP 进行细化建模。在 HOONet 模型中基本库所和抽象库所分别用细线圈和粗线圈表示，如图 3-15 所示。

HOONet 的变迁集 T 定义为：T = {PIT，ABT，COT}，其中，（PIT）是基本变迁，与基本 Petri 网类似。抽象变迁 ABT =（tn，refine-state，action），其中，tn 是抽象变迁名；refine-state 与 ABP 中的定义相同，是一个表示 ABT 细化程度的标志变量；action 模拟 ABT 的内部行为。通信变迁 COT 表示方法的调用，COT =（tn，target，comm-type，action），其中，tn 是通信变迁名；target 是标志变量，用来指示被 COT 调用的方法是已建模型（值为"yes"）还是未建模型（值为"no"）；comm-type 也是标志变量，用来指示 COT 之间的相互作用是同步的（值为"SYNC"）还是异步的（值为"ASYN"）；action 反映方法调用的执行结果。在 HOONet 模型中，PIT、ABT 和 COT 分别用细线框、粗线框和双线框表示，如图 3-15 所示。

接下来介绍 HOONet 的特性。HOONet 模型支持参数多态，即可以根据输入的 token 的值动态地绑定一个 token 类型。在操作上，动态绑定可视为派遣机制，根据 token 不同的值动态地选择恰当的行为。在以下情况下 HOONet 模型内可能出现多态。

1）抽象库所 ABP 或抽象变迁 ABT 的标志变量的值为"true"。

2）通信变迁 COT 调用外部类的 OIP。

参数多态的动态绑定分两步进行：首先一个"complex"类型的 token 分解为 OIP 内的若干个详细类型的 token；其次根据"complex"类型 token 的值来定义 OIP 内各个 token 的值。如某个抽象库所"ap1"是表示消费者智力或生理状态是否正常的库所（如 TT C=complex with normal ｜ abnormal），当 C 的 token 值是 normal，并且正常状态表示一个消费者的精神状态时，token C 可分解为：

TT C=record with

{IntQ＝［0-110］｜［111-130］｜［13-150］；

EmoQ＝［0-3］｜［4-7］｜［8-10］；

SpeK＝trouble｜common｜fluent；}

其次，在 ap1 的细化类型中，每一类型的 token 值指定为 {（IntQ，［111-130］），（EmoQ，［4-7］），（SpeK，common）}。

用这种方式，可根据参数变量的值，一个 token 类型能够和不同的子类型绑定，以此动态地选择恰当的行为。

通过继承所创建的类的方法和属性也可视为参数多态。

（2）机床层 HOONet 模型　基于 ISO 14955-1 对数控机床运行状态的划分，本节的机床层 HOONet 模型包含五个抽象库所，分别表示数控机床的停机状态（OffSta）、待机状态（StaSta）、准备状态（ReaSta）、空载状态（IdlSta）以及加工状态（ProSta），机床各运行状态的内部抽象行为可在下一层运行状态层 HOONet 模型中得到进一步细化。机床层 HOONet 模型的数据字典（DD）如图 3-16 虚线框所示。在数据字典中，全局变量 MX 代表机床即将进入的下一个目标运行状态，控制着机床运行状态的转换，抽象库所内部细化行为执行过程中将改变 MX 的值；抽象 token M 的类型定义为"complex"，记录与加工任务相关的信息，同样该 token 可在下一层模型中进一步细化。对零件的每一个加工特征来说，其可能在机床的停机状态、待机状态、准备状态或者空载状态做好准备，然后逐次进入相邻的功率消耗较高的机床状态，直到在加工状态下进行加工；该特征加工完成后，机床退出加工状态，逐次进入相邻的功率消耗较低的机床状态，最后根据加工需求或加工设定从机床的某一运行状态退出。

（3）运行状态层 HOONet 模型　机床层 HOONet 模型中的抽象库所将在运行状态层 HOONet 模型中得到进一步细化。如图 3-17 所示，在数控机床停机状态（OffSta）的细化模型中，从变迁 M2_t10 开始的系列动作代表机床在停机状态下装夹工件，为后续加工做准备，数控机床因各耗能部件处于关闭状态而不

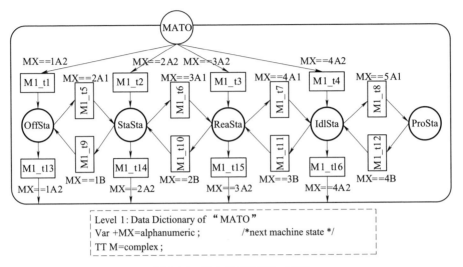

图 3-16 机床层 HOONet 模型

消耗能量；从变迁 M2_t20 开始的系列
动作代表风扇伺服系统停止工作，机床
从待机状态转换到停机状态，机床功率
变为 0。

　　该模型的数据字典（DD）是对机
床层 HOONet 的数据字典的细化，如
图 3-18 所示。"complex"类型的 token
M 被分解为两个 token：MI 和 MS，MI
中记录与加工任务、加工参数、策略相
关的信息；MS 应用参数多态原理，记

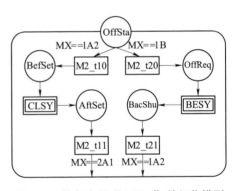

图 3-17 抽象库所"OffSta"的细化模型

录与机床运行状态相关的信息，根据 token MS 在不同机床状态下的值来动态地
绑定部件状态值。通信变迁 COT 改变全局变量 MX 的值并标记在 OffSta 库所中。
如通信变迁 CLSY 将 MX 的值从 1A2 改变成 2A1，含义为机床在停机状态下已完
成工件装夹，机床即将从停机状态转换到待机状态。数据字典（DD）中每个符
号的含义如图 3-18 所示。

　　进一步，运行状态层 HOONet 模型应用了参数多态原理。定义"complex"
类型 token MS 为：TT MS = complex with off | standby | ready | idle | processing，当
token MS 的值为"off"，并且 off 表示机床处于停机状态时，token MS 的类型可
进一步分解为：

TT MS record with

{bs = string with off | on；

```
Level 2: Data Dictionary of "OffSta"
TT M=record with
{
    TT MI=record with
    {order=integer;        /*特征加工次序*/    feature=alphanumeric;  /*特征类型*/
    machine=alphanumeric;  /*加工机床*/        st=integer;            /*装夹时间*/
    es=alphanumeric;       /*停机策略*/        ut=integer;            /*卸载时间*/
    tn=alphanumeric;       /*刀具名称*/        cr=string;             /*冷却需求*/
    cs=string;             /*冷却关闭策略*/    rt=integer;            /*快速移动时间*/
    ct=integer;            /*切削时间*/        sp=integer;            /*主轴转速*/
    fp=integer;            /*进给速度*/        ap=integer;            /*背吃刀量*/
    }
    TT MS=record with
    {bs=off; ss=off; fs=off;}
}
COT(CLSY)=
{ Fun(MX==1A2): MX==2A1 ∧ M(AftSet,M);};
COT(BESY)=
{ Fun(MX==1B): MX==1A2 ∧ M(BacShu, M);};
```

图 3-18 抽象库所"OffSta"的数据字典

ss= string with off ｜ hold ｜ on ;

fs= string with off ｜ hold ｜ on ;}

在抽象库所"OffSta"的细化模型中，token 值指定为 ｛(bs, off), (ss, off), (fs, off)｝。同理，基于 ISO 14955-1 对数控机床状态的划分，当 token MS 的值为"standby"时，在细化模型中 token 的值指定为 ｛(bs, on), (ss, off), (fs, off)｝；当 token MS 的值为"ready"时，在细化模型中 token 的值指定为 ｛(bs, on), (ss, hold), (fs, hold)｝；当 token MS 的值为"idle"时，在细化模型中 token 的值指定为 ｛(bs, on), (ss, on), (fs, on)｝；当 token MS 的值为"processing"时，在细化模型中 token 的值指定为 ｛(bs, on), (ss, on), (fs, on)｝。

数控机床待机状态（StaSta）的细化模型如图 3-19 所示，从变迁 M2_t30 开始的系列动作代表机床首先从停机状态转换到待机状态，并完成工件装夹，为后续加工做准备；从变迁 M2_t40 开始的系列动作代表待加工特征安排到该机床时机床已经处于待机状态，然后完成工件装夹；从变迁 M2_t50 开始的系列动作代表机床主轴系统、进给系统停止运行，此时主轴系统、进给系统的功率消耗为 0，机床从准备状态转换到待机状态。

数控机床准备状态（ReaSta）的细化模型如图 3-20 所示。从变迁 M2_t60 开始的系列动作代表机床从待机状态转换到准备状态，并完成工件的装夹（如果在待机状态下已完成工件的装夹，则机床准备状态下的通信变迁 CLSY 将不进行装夹动作）、刀具的变换以及冷却泵的开启，为后续加工做准备。需要注意的是，由于数控铣床结构及运行的特点，其换刀动作必须在主轴停止旋转的情况

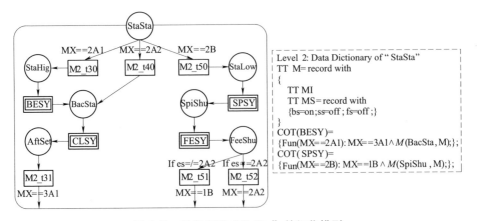

图 3-19 抽象库所"StaSta"的细化模型

下进行,而对于数控车床,其换刀动作可在主轴旋转情况下完成。从变迁 M2_t70 开始的系列动作表示待加工特征安排到该机床时机床已经处于准备状态,然后完成工件装夹、换刀及冷却泵的开启;从变迁 M2_t80 开始的系列动作代表机床主轴停止旋转,但变频器未关闭,此时主轴系统、进给系统仅变频器及伺服驱动器消耗能量,机床从空载状态转换到准备状态。

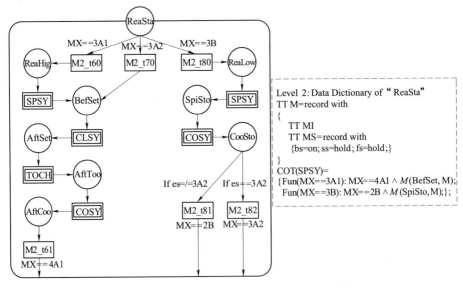

图 3-20 抽象库所"ReaSta"的细化模型

数控机床空载状态(IdlSta)的细化模型如图 3-21 所示,从变迁 M2_t90 开始的系列动作代表机床从准备状态转换到空载状态,完成主轴的起动、进给系统的快速移动,为零件的材料去除做准备。从变迁 M2_t100 开始的系列动作代表待加工特征安排到该机床时机床已经处于空载状态，然后完成进给系统的快速移动。对于数控车床，还可能在空载状态下完成换刀动作，对于这种情况，通过增加一个通信变迁 TOCH 来实现，与通信变迁 CLSY 类似，增加的 TOCH 不影响在其他机床状态下已完成换刀的情况；从变迁 M2_t110 开始的系列动作代表数控机床加工结束，进给系统停止运动，机床从加工状态转换到空载状态。

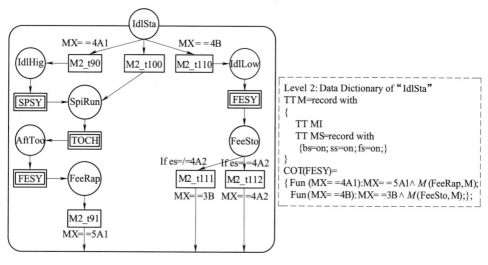

图 3-21　抽象库所"IdlSta"的细化模型

数控机床加工状态（ProSta）的细化模型如图 3-22 所示。与其他数控机床运行状态相比，数控机床在加工状态下的内部细化行为较为简单。从变迁 M2_t120 开始的系列动作代表机床从空载状态转换到加工状态，刀具与工件接触，完成零件的材料去除过程。

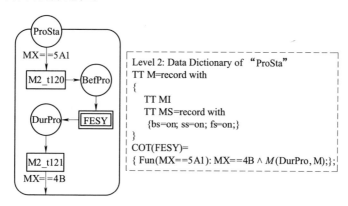

图 3-22　抽象库所"ProSta"的细化模型

（4）耗能部件层 HOONet 模型　不同生产参与人员对数控机床加工过程的能耗信息的需求详细程度不同。对耗能部件运行行为的建模有利于加工过程的能耗在耗能部件的透明化。耗能部件层 HOONet 模型即是对运行状态层 HOONet 模型中的通信变迁的进一步细化，本节介绍通信变迁的内部行为建模。

主轴系统的运行状态可分解为 off、hold 和 on 三个状态，状态之间的变化可以定义为一个多元组，即<前状态，动作，后状态>。主轴系统的下一个状态取决于前一个状态下发生的动作，见表 3-11。根据表 3-11 的分析，建立的通信变迁 SPSY（主轴系统）的模型如图 3-23 所示。由该模型的数据字典 Data Dictionary of "SPSY" 可看出，封装在主轴系统内部的 token S 继承了上层模型中 token M 的主轴运行状态信息 "ss" 及主轴转速信息 "sp"。其中，运行状态信息将影响主轴运行状态库所内的资源移动方向；主轴转速信息将为耗能部件的功率消耗模型提供数据支持。

表 3-11　主轴状态的分解

编号	前状态	动作	后状态
1	Off	start	Hold
2	Hold	operating	On
3	Hold	shut down	Off
4	On	stop	Hold
5	On	adjust the operating parameters	On

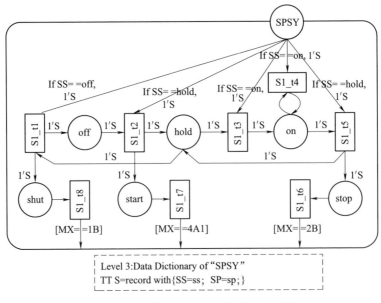

图 3-23　通信变迁 "SPSY" 的细化模型

进给系统的状态可分解为 off、hold、rapid 和 cutting 四个子状态，如图 3-24 所示。以数控车床为例，车削圆柱表面时，刀具应做平行于工件中心线方向（即 Z 方向）的运动；车削端面时，刀具应做垂直于工件中心线方向（即 X 方向）的运动；车削圆锥面时，刀具应做与工件中心线成一定角度方向的运动（即 Z 方向和 X 方向同时移动）。并且这几种车削情况为互斥事件。因此 cutting 库所可进一步划分为 X cutting、Z cutting 和 XZ cutting 三个细化库所，以分别表达进给系统加工端面、外圆和锥面的运动。加工结束后，将 MX 赋值为 4B，表示加工结束，机床下一个运行状态为空载状态。

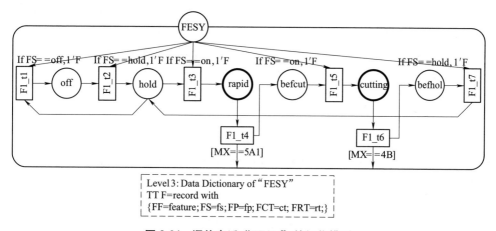

图 3-24　通信变迁"FESY"的细化模型

图 3-25 展示了通信变迁"TOCH"的细化模型，库所 ToolDB 是一个包含了

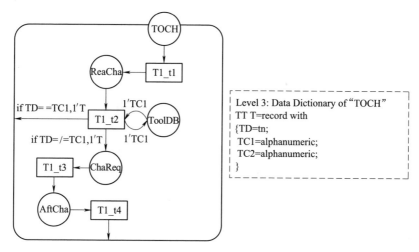

图 3-25　通信变迁"TOCH"的细化模型

数控机床当前刀位信息［TC1］和目标刀位信息［TD］的库所。该库所也可以表达为一个抽象库所，表示可对其内部的详细动作例如检索、更新和删除刀具刀位信息等进一步细化。

1）首先，token T 进入库所 ReaCha，表明数控机床换刀系统已做好换刀的准备，可以进行换刀操作。

2）其次，token T 和库所 ToolDB 发送的携带有当前刀位信息的 token TC1 同时到达变迁 T1_t2，在变迁 T1_t2 处进行判断。如果目标刀位信息与当前刀位信息相同（即 TD＝＝TC1），则不需要进行换刀动作，直接退出换刀系统。

3）如果目标刀位信息与当前刀位信息不同（即 TD＝／＝TC1），则按次序完成 TC2＝TC1 及 TC1＝TD 动作。动作"TC2＝TC1"使 token T 存储了当前刀位信息［TC2］和目标刀位信息［TD］，可为耗能部件的时间消耗模型提供数据支持；行为"TC1＝TD"将本次换刀的目标刀位信息 TD 复制给 TC1，TC1 回到库所 ToolDB 作为下一次换刀的初始刀具位置。随后，token T 进入库所 ChaReq，表明需要刀塔旋转到目标刀具位置。

4）最后，变迁 T1_t3 发生，换刀系统进行刀具变换后 token 退出换刀系统。

在建立模型时应对模型中的库所 ToolDB 进行初始标记，指定初始的当前刀位信息［TC1］。

目前，国内外针对冷却系统的节能启停策略也展开了相关研究，如零件各特征加工间隔期间的冷却泵启停策略研究，因此对冷却系统的 Petri 网建模应考虑对启停策略变化的支持，针对这个问题本节建立的冷却系统细化模型如图3-26所示。

① 首先，零件特征在进行加工之前，需要明确该加工特征对切削液的需求情况。如果需要切削液，则 token M 中的 cr 标记为 T；如果不需要切削液，则 token M 中的 cr 标记为 F。

② 其次，需要明确数控机床当前是处于加工前的准备状态（MX＝＝3A1 或 MX＝＝3A2）还是处于加工结束后的调整状态（MX＝＝3B），以及冷却系统的当前状态。因此，在通信变迁 COSY（冷却系统）中设置了局部变量 MC，MC＝＝F 表明冷却系统当前处于关闭状态，MC＝＝T 表明冷却系统当前处于开启状态。

③ 当 MX＝＝3A1 或 MX＝＝3A2 且冷却系统当前处于关闭的状态下，如果加工特征不需要切削液，则变迁 C1_t5 发生后，token C 直接退出冷却系统；如果加工特征需要切削液，则 token C 进入库所 RunReq，表明需要开启冷却系统，随后 MC 转换为 T；当 MX＝＝3A1 或 MX＝＝3A2 且冷却系统当前处于开启的状态下，则不需对冷却系统进行操作，token C 直接退出冷却系统。需要注意的是，如果当前加工特征不需要切削液，则上一个加工特征在加工结束时应当关闭冷却系统。

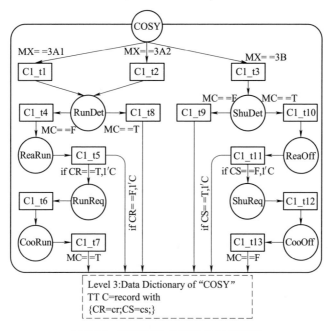

图 3-26 通信变迁 COSY 的细化模型

④ 当 MX==3B 且冷却系统当前处于关闭的状态下，说明加工该特征时未使用切削液，则不需对冷却系统进行操作，token C 直接退出冷却系统；当 MX==3B 且冷却系统当前处于开启状态时，是否关闭冷却系统取决于针对下一个紧邻加工特征的冷却策略。例如，加工下一特征需要切削液，且制定的冷却策略为当前加工特征与下一个加工特征之间不关闭冷却系统（即 cs 标记为 T），则变迁 C1_t11 发生后，token C 直接退出冷却系统，不对冷却系统进行关闭操作；而制定的冷却策略为当前加工特征与下一个加工特征之间关闭冷却系统（即 cs 标记为 F），则变迁 C1_t11 发生后，token C 进入库所 ShuReq（关闭需求），随后 MC 转换为 F。

由上述数控机床运行状态层 HOONet 模型分析可知，数控机床在开始加工前，需要开启风扇伺服等基础性耗能部件（变迁 B1_t1 发生，token 由库所 off 进入库所 on，与此同时，全局变量 MX 被标记为 3A1，表明数控机床的下一目标状态为准备状态），机床由停机状态进入待机状态；同理，数控机床加工结束后，需要关闭风扇伺服等基础性耗能部件，由待机状态进入停机状态，如图 3-27 所示。

⏵⏵ 3. 设备能耗动态驱动模型

虽然 Petri 有利于对复杂系统进行建模，优化控制顺序，但 Petri 网在对子系

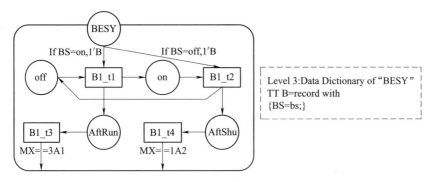

图 3-27 通信变迁 BESY 的细化模型

统的原因结果分析方面存在局限。另一方面，虚拟部件能够进行参数影响的详细描述，并且已广泛应用在机床开发的其他领域及不同的工作任务。由于仿真工具的应用，虚拟部件的仿真变得越来越准确、快速、稳定且成本越来越低。Petri 网和虚拟部件都是已有的技术，它们都是针对特定领域建立起来的解决问题的方法。最重要的是从独立地使用 Petri 网或者虚拟部件解决问题转换到两者的结合，这样可以从全局的角度详细地对机床系统进行建模。

首先，虚拟耗能部件必须保证适当的可操作性以及能耗评估时的准确度。精确地重现部件的运行行为不是虚拟耗能部件的目的，虚拟耗能部件只关注影响能耗的主要因素。虚拟部件模型可用公式或表格表示，这些公式或表格表达了运行参数及输入与部件能耗之间的关系。设备能耗动态驱动的建模过程主要包括部件功率建模、部件运行时间获取、动态加工过程能耗计算、虚拟部件动态驱动模型等四个方面，具体描述如下。

（1）部件功率建模   部件的功率模型主要关注部件运行参数与部件功率消耗之间的关系。本书 3.1.2 节以及文献建立了数控机床多源能量流的数学模型，该研究描述了数控机床各个耗能部件的能耗环节以及影响能耗的因素，可以作为虚拟部件功率消耗建模的基础，以预测不同机床各部件的能耗，见表 3-12。

表 3-12   机床部件功率数据库建立方法

功率	特性	建议
P_{basic}	对特定机床是常量	建立每台机床的数据库
P_{tool}	对每一次换刀假设为固定值	建立每台机床刀塔换刀的数据库
$P_{spindle}$	依赖于主轴模型和速度范围	建立主轴的功率-速度函数
$P_{cutting}$	刀具与工件相互作用	建立不同刀具和工件材料条件下的比切能函数
P_{feed}	依赖于进给速度	建立各进给轴的功率-速度函数
$P_{cutting\text{-}fluid}$	对特定机床是常量	建立每台机床的冷却系统数据库

主轴的运行分为三个阶段：起动阶段、空载阶段和切削阶段，在切削阶段加工单元动态地受加工负载影响。每个阶段的功率或能量消耗函数可分别表达为式（3-20）、式（3-21）和式（3-22）三个函数：

$$E_s = x_1 n^2 + x_2 n + x_3 \tag{3-20}$$

$$P_u = f_u(n) \tag{3-21}$$

$$P_{ac} = P_a + P_c = \alpha_2 P_c^2 + (1 + \alpha_1) P_c \tag{3-22}$$

式中，E_s 是主轴起动能耗；n 是主轴转速；x 是未确定的系数，与特定机床相关；P_u 是主轴空载阶段功率；P_{ac} 是主轴提供的切削功率；P_a 是主传动系统的附加载荷；P_c 是切削功率；参数 α_1 和 α_2 反映主轴系统的特性，主轴系统不同的传动链对应着不同的 α_1 和 α_2。

其中，切削功率 P_c 为切削力 F_c 与切削速度 v_c 的函数，如式（3-23）所示：

$$P_c = F_c v_c \tag{3-23}$$

各加工类型的主切削力（切向力）模型已有文献进行了相关研究，本节以车削和铣削为例，车削中主轴所受的切向力模型如式（3-24）所示。

$$F_c = \frac{a_p}{\sin\kappa} \left(\frac{2\pi v_z}{\omega_c} \right)^{1-z_c} k_{c1.1} \tag{3-24}$$

式中，a_p 是背吃刀量；κ 是刀具角度；v_z 是进给率；ω_c 是主轴转速；z_c 是修正系数；$k_{c1.1}$ 是比切力系数。铣削中主轴所受的切向力模型如式（3-25）所示。

$$F_c = f_u B l \tag{3-25}$$

式中，f_u 是比切力；B 是铣刀接触长度；l 是铣削深度。

根据重庆大学研究团队的研究成果，进给系统的功率消耗主要与进给电机的角速度 ω_f 和进给力 F_f 相关。功率消耗函数如式（3-26）所示。

$$P_{fl} = f_{fl}(\omega_f, F_f) \tag{3-26}$$

式中，角速度 ω_f 是进给速度 f 与丝杠螺距的比值。

另一方面，进给系统在空载状态下的功率消耗主要与进给电机的角速度 ω_f 有关。相对主轴系统而言，加工负载对进给系统的功率影响较小，如果对能耗计算精度要求不高，可忽略轴向力及径向力对进给系统功率的影响，采用进给系统空载功率近似评估其在切削状态下的功率。

根据重庆大学研究团队的研究成果，特定机床换刀电机以及冷却系统电机的功率是固定值，可以从机床技术文件中获取，或通过简单的实验测量获得。

机床在待机状态下的风扇和数控系统的功率是一个固定值，当机床进入准备状态，变频器、伺服驱动器、电机等准备好，机床功率将上升到另一固定功率值。如 C2-6136HK/1 在待机状态下的功率大约为 160W，在准备状态下的功率大约为 200W。因此风扇和数控系统的功率消耗可以表达为

$$P_b = \begin{cases} 0 \\ \text{constan}_{b1} \\ \text{constan}_{b2} \end{cases} \tag{3-27}$$

（2）部件运行时间　部件运行时间主要关注数控加工零件过程中与时间相关的因素。主要包括工件的准备时间、进给系统的工进和快进时间以及换刀时间等。工件的准备时间主要与工件装夹需求以及机床的类型有关，可以通过观察获得。进给系统有两种运动模式，分别为工进和快进。每个轴的运行时间取决于相应的刀具路径及进给速度。本节采用基于材料去除率（MRR）的方法来评估进给系统的运行时间。基于 MRR 的加工时间的一般表达式如式（3-28）所示：

$$t_{f1} = \frac{\text{Vol}}{\text{MRR}} \tag{3-28}$$

式中，t_{f1} 是进给系统的工进时间；Vol 是零件加工过程中去除的材料体积，可在零件的设计过程中通过 CAD 软件计算获得；MRR 是材料去除率。

对于车削加工，MRR 可以表达为式（3-29）：

$$\text{MRR} = f_n n a_p \tag{3-29}$$

式中，f_n 是每转进给量；n 是主轴转速；a_p 是背吃刀量。

对于铣削加工，MRR 可以表达为式（3-30）：

$$\text{MRR} = a B c n N \tag{3-30}$$

式中，a 是轴向切削深度；B 是切削宽度；c 是每齿进给量；n 是主轴转速；N 是铣刀的铣削刃的数量。

对于进给系统快进时间，可根据工艺规划中生成的快速移动刀具路径或者 STEP-NC 文件计算获得。如果对能耗评估的计算精度要求不高，进给系统在某些方向的快速移动时间可以忽略，因为在整个零件的加工过程中进给系统在这些方向上的运动时间非常短。因此可忽略进给系统在某个方向上的非常短的快速移动时间，以简化能耗评估过程。

刀架的运行时间可以表达为式（3-31）：

$$t_t = \frac{\text{pos}_0 - \text{pos}_a}{\text{num}_{pos} n_{tool}} \tag{3-31}$$

式中，t_t 是刀架旋转时间；pos_0、pos_a、num_{pos} 和 n_{tool} 分别是刀架的初始位置、刀架的目标位置、刀架的刀位数量以及刀架的旋转速度。此外，在上述因素确定的情况下，刀架的旋转时间还与刀架每次的旋转方向有关。

（3）动态加工过程的能耗计算　以机床处于加工状态为例来说明数控机床加工过程的能耗计算。在切削过程中，开启的耗能部件包括风扇和伺服系统、冷却系统、主轴系统以及进给系统。在该状态下的数控机床总能耗可表达为式（3-32）：

$$E_k = t_{f1k} \begin{bmatrix} 0 \\ 1 \\ 1 \\ 1 \\ 0 \\ 0 \\ 1 \\ 1 \end{bmatrix}^{\mathrm{T}} \times \begin{bmatrix} P_{sk} \\ P_{uk} \\ P_{ack} \\ P_{f1k} \\ P_{f2k} \\ P_{tk} \\ P_{cok} \\ P_{bk} \end{bmatrix} = t_{f1k} \cdot (P_{uk} + P_{ack} + P_{f1k} + P_{cok} + P_{bk}) \quad (3\text{-}32)$$

式中，E_k 是机床在第 k 个时间段内（当前为加工阶段）的总能耗；t_{f1k} 是进给系统在第 k 个时间段内的工进时间，各个功率符号的含义已经在 3.3.1 节中进行了详细介绍。

　　根据数控机床不同运行状态及零件加工需求，运行的耗能部件不同。如在工件准备阶段，机床处于待机或者准备状态，只有风扇和伺服系统运行；在主轴起动阶段，机床处于空载状态，该阶段主轴加速到指定转速，在这个过程中风扇和伺服系统以及冷却系统处于运行状态；在加工阶段，主轴系统以某恒定速度运行，进给系统以工件进给速度运行，加工负载作用到主轴系统和进给系统，风扇伺服系统、冷却系统保持运行；在快速移动阶段，风扇伺服、冷却系统、主轴系统保持运行，进给系统以快进速度运行，在该阶段没有加工负载；在换刀阶段，数控车床与数控铣床各耗能部件的运行情况不同，数控车床的主轴处于运行或者停止状态，而数控铣床为了换刀必须停止主轴。基于以上分析，以数控车床为例，零件加工的各阶段时间矩阵可表达为式（3-33）：

$$t_k = \begin{cases} t_{pk} \cdot \boldsymbol{A}_p & \text{工件准备} \\ t_{sk} \cdot \boldsymbol{A}_s & \text{主轴起动} \\ t_{f1k} \cdot \boldsymbol{A}_{f1} & \text{切削阶段} \\ t_{f2k} \cdot \boldsymbol{A}_{f2} & \text{快速移动} \\ t_{tk} \cdot \boldsymbol{A}_t & \text{换刀阶段} \end{cases}$$

其中，$\boldsymbol{A}_p = \begin{bmatrix} 0\\0\\0\\0\\0\\0\\1\\1 \end{bmatrix}^{\mathrm{T}}, \boldsymbol{A}_s = \begin{bmatrix} 1\\0\\0\\0\\0\\0\\1\\1 \end{bmatrix}^{\mathrm{T}}, \boldsymbol{A}_{f1} = \begin{bmatrix} 0\\1\\1\\1\\0\\0\\1\\1 \end{bmatrix}^{\mathrm{T}}, \boldsymbol{A}_{f2} = \begin{bmatrix} 0\\1\\0\\0\\1\\0\\1\\1 \end{bmatrix}^{\mathrm{T}}, \boldsymbol{A}_t = \begin{bmatrix} 0\\1\\0\\0\\0\\1\\1\\1 \end{bmatrix}^{\mathrm{T}} \quad (3\text{-}33)$

式中，t_k 是机床在第 k 个时间段内的时间矩阵；t_{pk} 是工件准备时间；t_{sk} 是主轴起动时间；t_{f1k} 是进给系统的工进时间；t_{f2k} 是进给系统的快进时间；t_{tk} 是换刀时间。标量 t 与矩阵 A 为一一对应关系，且上述情况为互斥事件。

零件加工中机床在第 k 个时间段内的功率矩阵可表达为式（3-34）：

$$P_k = \begin{bmatrix} P_{sk} \\ P_{uk} \\ P_{ack} \\ P_{f1k} \\ P_{f2k} \\ P_{tk} \\ P_{cok} \\ P_{bk} \end{bmatrix} \tag{3-34}$$

基于式（3-33）和式（3-34），机床从第 m 个时间段到第 n 个时间段期间的总能耗可表达为式（3-35）：

$$E_{periods} = \sum_{i=m}^{n} |t_i P_i| \quad 0 \leq m \leq n \leq N \tag{3-35}$$

式中，N 是机床结束加工时所经历的总的时间段数；根据对 m 和 n 不同的定义，可获得不同的加工能耗信息。如以机床运行状态的变化为边界定义 m 和 n，则可获得机床各个运行状态下的能耗；以零件加工特征的变化为边界定义 m 和 n，则可获得加工零件各个特征所消耗的能量；因此，基于式（3-35）不同生产参与人员可获得相应需求的能耗信息。

进一步，令矩阵 $T = \begin{bmatrix} t_1 & \cdots & t_k & \cdots & t_N \end{bmatrix}^T$，矩阵 $P = \begin{bmatrix} P_1 & \cdots & P_k & \cdots & P_N \end{bmatrix}$，则机床从第 m 个时间段到第 n 个时间段期间内各个耗能部件的能耗可表达为式（3-36）：

$$E_{periods-component} = \sum_{i=m}^{n} \sum_{j=g}^{h} T_{ij} P_{ji} \quad 0 \leq g \leq h \leq H \tag{3-36}$$

式中，H 是功率矩阵 P_k 内的元素个数；通过对 g 和 h 进行定义，可计算特定耗能部件的能耗，如根据功率矩阵 P_k 令 $g=0$ 且 $h=2$，则通过式（3-36）可获得机床从第 m 个时间段到第 n 个时间段期间内主轴系统的能耗。在此基础上，同时定义 m、n、g 和 h，可进一步获得机床各个运行状态下的各耗能部件能耗情况，以及加工零件各个特征时的各耗能部件能耗情况，将数控机床动态加工过程的能耗信息进一步透明化。

（4）虚拟部件动态驱动模型　基于上述动态加工过程的能耗计算，数控机床加工过程的 HOONet 模型对虚拟部件的驱动原理如图 3-28 所示。

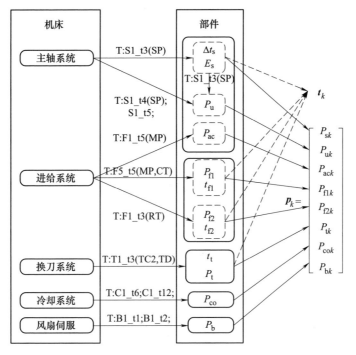

图 3-28 驱动模型

在数控机床动态能耗建模与仿真框架中，通过 HOONet 中"变迁"蕴含的信息来驱动虚拟部件模型实现对数控机床多耗能部件的动态能耗特性的建模。其中，机床 HOONet 模型分为机床层、运行状态层和部件层，部件层 HOONet 直接驱动虚拟部件的运行，详细驱动关系如图 3-28 所示。当 Petri 网模型中的特定变迁满足发生条件时，变迁发生，并同时将着色 token 携带的耗能部件运行信息发送至相应的虚拟部件。对于 0—1 型耗能部件，其 Petri 网模型将发送开启和关闭两种信号；对于离散型耗能部件，除了开启和关闭耗能部件的信号外，还将运行参数发送至虚拟部件。当机床进入加工状态时（即变迁 F1_t5 满足条件发生变迁），相应着色 token 携带的切削条件被发送到负载模型，通过负载模型计算得到的主切削力和轴向进给力将加载到主轴系统和进给系统上。

▶▶ **4. 能耗模型的仿真实现**

基于上述能耗建模方法，在 MATLAB/Stateflow 平台上实现数控机床动态加工过程的能耗仿真。

（1）能耗仿真基础　MATLAB 是美国 MathWorks 公司出品的商业数学软件，主要包括 MATLAB 和 Simulink 两大部分。本节在前文对数控机床动态加工过程的能耗动态性分析及建模基础上，介绍在 MATLAB/Stateflow 平台基础上实现数控机床动态加工过程能耗模型的仿真，并对仿真结果进行分析。

Stateflow 仿真的原理是有限状态机（finite state machine，FSM）理论，有限状态机是指系统含有可数的状态，在相应的状态事件发生时，系统会从当前状态转移到与之对应的状态。在有限状态机中实现状态的转移是有一定条件的，同时相互转换的状态都会有状态转移事件，这样就构成了状态转移图。在 Simulink 仿真窗口中，允许用户建立有限个状态以及状态转移的条件与事件，从而绘制出有限状态机系统，这样就可以实现对系统的仿真。Stateflow 的仿真框图一般都会嵌入到 Simulink 仿真模型中，同时实现状态转移的条件或事件既可以取自 Stateflow 仿真框图，也可以来自 Simulink 仿真模型。有限状态机的示意图如图 3-29 所示。

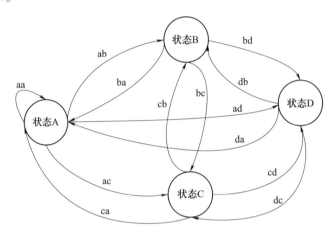

图 3-29　有限状态机示意图

Stateflow 将有限状态机理论（finite state machine theory）、流程图（flow diagram）和状态转移图（state-transition diagram）等概念结合在一起，采用面向对象的思想：即属性、事件和方法。一个 Stateflow 由图形对象和非图形对象构成。图形对象包括节点（junction）、状态（state）、转移（transition）、图形函数（graphical function）等。非图形对象包括事件（event）和数据（data）。Stateflow 的具体组成如下：

1）状态对象：状态在 Stateflow 图形中表示系统的模态，当状态被激活时，系统将工作在这个模态上。状态的激活是由事件来驱动的。状态分为超状态和子状态，如果一个状态包含其他状态则称为超状态，反之为子状态。在 Stateflow 图中用圆角矩形表示状态，状态的标识一般由三部分组成：状态名称、注释和状态动作。一般标识格式如下：

Name

/∗Comments∗/

Keyword：State Actions

其中，位于"/∗"和"∗/"之间的部分为状态的注释，而Keyword：State Actions就是状态动作。状态动作的关键字主要有五种，分别为：

① entry：当事件发生，状态被激活时执行相应的动作。

② during：当事件发生，状态保持其活动状态时执行相应的动作。

③ exit：当事件发生，状态退出活动状态时执行相应的动作。

④ on event：当状态处于活动状态，事件event发生，而状态并不退出活动状态时所执行的动作。

⑤ bind：将事件或者数据对象与状态绑定的动作。

Stateflow图可以构造层次结构，同一层结构内的所有状态之间有互斥（OR）和并行（AND）两种模式。互斥是指在任何给定的时刻只有一个状态是活动的，不可能出现两个状态同时活动；而并行是指在该层结构内的所有状态是同时活动的。

2）状态转移：在Stateflow图中用有向箭头曲线表示状态转移，用于连接任意两个状态对象。状态转移必须有源状态和目标状态，但在Stateflow图每层结构内存在一个默认转移，只有目标状态。仿真开始时，每层结构内的默认转移所指向的状态将首先被激活。另外，状态转移的端点也可以是节点。利用节点，可以构造条件转移，在不同事件发生时转移到不同的状态。

3）转移标签：一个完整的转移标签由事件、条件、条件动作和转移动作组成，这四个部分不一定完整地出现。转移标签一般格式如图3-30所示。

① 事件是Stateflow非图形对象的一种。在有限状态机中，只有在事件发生时，才可能去执行相应的转移。

② "[ ]"中的"condition"表示条件，条件的作用是在转移决策时进行逻辑判断，只有当相应的事件发生且条件同时满足时，相应的转移才可能执行。

③ "{}"中的"condition_action"表示条件动作，当条件满足时就立即执行条件动作，条件动作可以是如赋值运算这样的表达式。

④ "/"后面的"transition_action"表示转移动作。转移动作只有在整个转移通路都有效时才能够执行。

/*Comments*/
event[condition]{condition_action}/transition_action

图3-30 转移标签的完整表达

Petri网是对离散并行系统的数学表示，适合描述异步的、并发的计算机系统模型，既可以用严格的数学方式来表述，也可以用直观的图形方式表达。目前对 Petri 网模型的分析方法包括可达树、可达图和状态方程等，另一方面仿真也是一种有效的分析工具，特别是在对大规模模型分析方面更具优越性。目前已有不少 Petri 网仿真工具，例如使用较广的 Visual ObjectNet + +、GPNT、OPMSE、VPNT 和 PNK 等。但这些仿真软件大都是非商业性的，仿真能力有限。MATLAB 作为一款成熟的大型商业软件，具有高效的数值计算及符号计算能力，具有完备的图形处理功能，友好的用户界面及接近数学表达式的自然化语言，使该工具更易于学习和掌握。其 Simulink 中的 Stateflow 工具箱是一个创建和仿真复杂响应系统和事件驱动系统的工具，适于对 Petri 网进行仿真分析，北京化工大学研究团队做了这方面的研究，但只给出了一个总的思想，没有说明具体的构造方法，且仿真实例过于简单，未能体现其优越性。上海交通大学研究团队研究了 Stateflow 下的各个模块与 Petri 网中各模块的对应关系，进而给出了从一个已知的 Petri 网构造 Stateflow 的基本原则与具体步骤。

Petri 网的运行过程是一系列的变迁的触发引发相应库所资源（token）改变或转移的过程，而状态流（Stateflow）的运行过程是各实体（相互并行的最上层的 Superstate）在其所有串行子状态间不断转移的过程。即 Petri 网的构造是面向过程，基于资源的；而 stateflow 的构造是面向对象，基于实体状态的。两者之间的基本关系如下：资源的改变是由变迁的触发引起的，即变迁的触发相当于某个实体状态的转移。

本节正是基于上海交通大学研究团队的思想，在 MATLAB/Stateflow 平台上实现了数控机床动态加工过程能耗模型的仿真。

（2）设备能耗仿真　设备能耗仿真主要包括两个部分：一是系统的实体及实体状态分析；二是仿真模型的实现。具体如下：

1）系统的实体及实体状态分析。Stateflow 的构造是面向对象的，所以需要确定数控机床加工过程中的实体，包括机床运行控制系统（machine_state）、机床加工执行系统（machine_component），如图 3-31 所示。由于机床在执行加工任务时，相应的机床运行状态是同时客观存在的，所以这两个系统属于并行关系。在 Stateflow 中，虽然并行状态

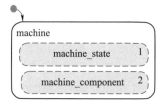

图 3-31　系统的实体

在理论上是同时发生，但仍然具有执行的先后顺序，这就需要确定系统实体的相互关系，以确定其适合的执行顺序。两个系统中，machine_state 是主动的实体，由它进行零件加工过程的控制，推动整个零件加工系统运行。所以根据分析可以确定两个系统的执行顺序先后为 machine_state、machine_component。

Stateflow 是基于实体状态的。实体 machine_state 有六个子状态：停机状态 OffSta、待机状态 StaSta、准备状态 ReaSta、空载状态 IdlSta、加工状态 ProSta 以

及临时状态 Tempo，如图 3-32 所示。其中，Tempo 状态接收到达该机床的加工任务信息以及在完成加工后发送新加工任务的需求信息。由于机床层 HOONet 模型 MATO 本身是一个抽象库所，在库所 MATO 的入口处，token 被传给细化模型，细化模型的内部行为执行完成后，token 传回给细化模型的 OIP，然后，执行结果返回到抽象库所 MATO 中。因此，这里的 Tempo 状态相当于机床层 HOONet 模型中的库所 MATO。

数控机床的各运行状态不是并发的，在运行的某一时刻，可能处于停机状态、待机状态、准备状态、空载状态或加工状态这五种状态中的某一种状态，因此数控机床各运行状态之间是 OR（exclusive）的关系，如图 3-32 所示。每个运行状态又分别是一个父状态，其内部包含若干个 OR（exclusive）关系的子状态。在机械加工车间中，各机床的运行状态在构成上有一定的相似性。图中，MX 为定义在 machine 范围内的局部变量，与 HOONet 模型中的 MX 含义相同，即 MX 代表数控机床即将进入的下一个目标状态。机床各状态之间根据 MX 的值进行状态转移。

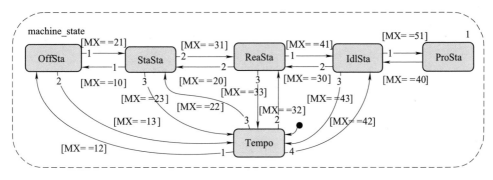

图 3-32 实体 machine_state 的子状态

实体 machine_component 有六个子状态，分别代表：工件装卸系统 CLSY、基础耗能部件 BE-SY、主轴系统 SPSY、换刀系统 TOCH、冷却系统 COSY、进给系统 FESY。数控机床各耗能部件的运行是并发的，不存在互斥性，因此各耗能部件之间是 AND（parallel）的关系，如图 3-33 所示。

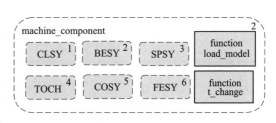

图 3-33 实体 machine_component 的子状态

实体 machine_component 内部还包括两个函数：function load_model 和 function t_change。前者为切削负载模型，其作用是当机床处于加工状态（即刀具与工件接触）时，作为负载源提供切削力和切削功率的计算；后者为时间变换函数，其作用是对 3.1.3 节驱动模型中的时间矩阵与功率矩阵进行匹配。

确定实体的数据，数据是操作的对象。Stateflow 框图的输入数据为工件加工相关的信息，包括：零件特征的加工次序（order）、零件特征的类型（feature）；零件特征的加工机床（machine）；工件装夹时间（st）、停机策略（es）、工件卸载时间（ut）、在加工过程中所使用的刀具号（tn）、冷却需求（cr）、冷却关闭策略（cs）、快进时间（rt）、切削时间（ct）、主轴运行参数（sp）、进给轴运行参数（fp）、背吃刀量（ap）。从输入数据可以看出，本仿真系统适应工艺规划的变化及不同节能策略的实施。

Stateflow 提供了一个 Add 菜单，用户可以从中选择事件、数据进行添加和定义。由于 Stateflow 程序运行过程中不支持字符或字符串类型的条件判断，因此，为方便 Stateflow 在仿真过程中进行数据识别与传输，需要对工件常用加工特征类型进行编号（表 3-13），并对机械加工车间的数控机床进行编号（表 3-14）。

<table>
<tr><th colspan="2">表 3-13　常用加工特征类型编号</th></tr>
<tr><th>特征名称</th><th>特征编号</th></tr>
<tr><td>外圆</td><td>1</td></tr>
<tr><td>内圆</td><td>2</td></tr>
<tr><td>端面</td><td>3</td></tr>
<tr><td>锥面</td><td>4</td></tr>
</table>

<table>
<tr><th colspan="2">表 3-14　某机械加工车间数控机床编号</th></tr>
<tr><th>机床名称</th><th>机床编号</th></tr>
<tr><td>CK6136H</td><td>1</td></tr>
<tr><td>C2-6136HK</td><td>2</td></tr>
<tr><td>HAAS VF5/50</td><td>3</td></tr>
<tr><td>VMC-650</td><td>4</td></tr>
</table>

确定实体事件，事件用于驱动整个 Stateflow 逻辑模型的运转。在 machine 范围内定义计时事件 clc，由脉冲发生器的上升沿（rising）触发，其作用是作为仿真系统的时钟。在 machine 范围内定义工件装卸事件 CLSY、基础耗能部件事件 BESY、主轴系统事件 SPSY、换刀系统事件 TOCH、冷却系统事件 COSY 和进给系统事件 FESY，用于数控机床在特定运行状态下触发相应的耗能部件运行。

2）仿真模型的实现。machine_state 各个子状态的内部结构实现如图 3-34 所示，各主要状态的结构描述如下。

① 临时状态（Tempo）。在 Tempo 状态中，进入动作 entry 有两个：entry：arrival_state（）和 entry：plan（）。前者表示调用 arrival_state（）图形函数，当工件到达机床事件 arrival 被触发时判断机床的当前状态，并改变全局变量 MX 的值使机床由 Tempo 状态转移到其他恰当的运行状态，开始加工；后者表示调用 plan（）图形函数，在工件加工结束后触发任务安排事件 schedule，安排下一个工件到本机床上加工。

② 停机状态（OffSta）。当停机状态被激活时，默认转移到 Initialize 状态。对应于 HOONet 模型的参数多态机制，Initialize 状态的进入动作 entry 是根据当前机床状态为 bs、ss、fs 赋值，随后根据 MX 的值来确定状态的转移方向。当

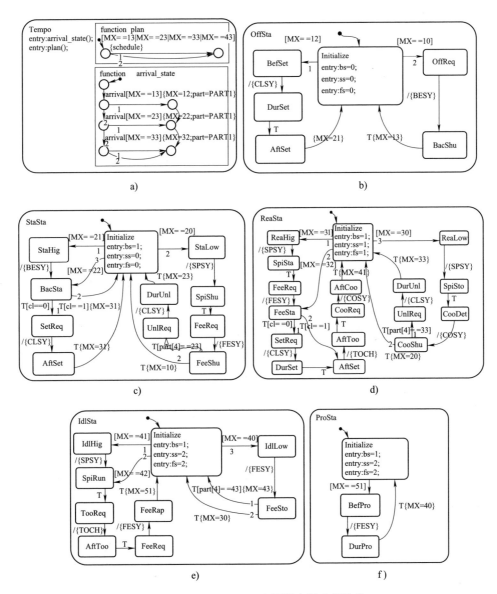

图 3-34 machine_state 各子状态的内部结构

MX＝＝12 时，表示需要在停机状态下将工件装夹到机床上，此时触发装夹事件
CLSY，装夹结束后 MX 被赋值为 21，表明机床下一个运行状态为待机状态；当
MX＝＝10 时，表示需要关闭基础耗能部件保持停机状态，此时触发 BESY 事件。

③ 待机状态（StaSta）。该状态的初始化流程同停机状态类似。当 MX＝＝21
时，表示机床由低能量停机状态向高能量待机状态转移的需求，此时启动基础

机械加工过程能耗建模和优化方法

耗能部件（触发 BESY 事件）。MX＝＝22 表明工件到达机床时机床已经处于待机状态，因此不需要触发 BESY 事件。在 BacSta 状态处将对装夹系统的状态进行判断。如果工件已被夹紧，则 BacSta 状态将向 Initialize 状态转移，并将 MX 值赋值为 31；如果工件未装夹，则启动装夹系统（触发 CLSY 事件）并消耗一定时间完成装夹。当 MX＝＝20 时，表示机床由高能量准备状态向低能量待机状态转移的需求，此时关闭主轴系统和进给系统的电机及伺服系统（触发 SPSY 和 FESY 事件）。若设定工件在待机状态下进行卸载，则在相应延时结束后将 MX 赋值为 23，机床将由待机状态转移到 Tempo 状态；否则将 MX 赋值为 10，机床将继续转换到更低能量状态——停机状态进行系列动作。

④ 准备状态（ReaSta）。该状态的初始化流程、状态转移方向和各符号的含义与待机状态类似。不同之处在于，在工件完成装夹后，需要启动换刀系统（触发 TOCH 事件）为加工更换合适的刀具，并触发 COSY 事件，完成冷却系统的需求判断及动作；另一方面，当 MX＝＝30 时，将触发 SPSY 事件使主轴从旋转状态转换到静止状态，并触发 COSY 事件对冷却系统的关闭策略进行判断并完成相应的动作。

⑤ 空载状态（IdlSta）。MX＝＝42 表示在车削加工中，上一特征加工结束后主轴继续保持旋转，并直接进行下一特征的加工。根据换刀系统的 HOONet 模型，增加一个 TOCH 事件来实现车削加工中的换刀动作，且该事件的发生并不影响铣削情形以及车削不需要换刀的情形。MX＝＝40 表示工件切削完成后进给系统停止运动。需要注意的是，普通数控机床空载状态下由于主轴高速旋转不能进行卸载工件动作。

⑥ 加工状态（ProSta）。在加工状态下数控机床的运行行为变化主要是进给系统运动坐标的变换。此时只需触发 FESY 事件使进给系统完成相应动作即可。工件切削结束后，将 MX 赋值为 40，机床将转换到空载状态。

machine_component 各子状态及函数的仿真实现如下：

在 HOONet 模型中，采用通信变迁表达数控机床对某耗能部件的调用（如采用 SPSY 表达数控机床对主轴系统的调用）。在 Stateflow 中，则采用事件来描述这种调用关系，如条件动作 {SPSY} 表明在 Stateflow 状态迁移中进行了主轴事件广播。主轴系统在收到广播事件后根据当前数控机床所处的运行状态进行相应的动作。

工件装夹系统：该系统通过 after（part ［］，clc）语句实现装夹时间的控制，如图 3-35a 所示。

基础耗能部件：基础耗能部件的仿真只有 off 和 on 两个状态。当 machine_state 实体触发 BESY 事件时，基础耗能部件进行相应的状态转移动作，如图 3-35b 所示。

94

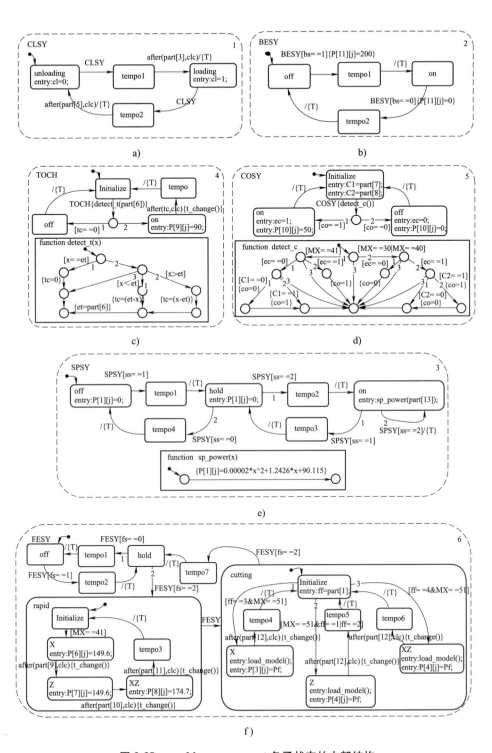

图 3-35 **machine_component** 各子状态的内部结构

换刀系统：当machine_state实体对TOCH事件进行广播时，换刀系统启动。换刀系统首先默认进入Initialize状态，随后调用detect_t（x）图形函数对机床当前装夹的刀具进行检测，将目标刀具号与当前刀具号进行比较，判别是否需要进行换刀动作。将前文中换刀时间计算公式嵌入在detect_t（x）图形函数中。完成换刀时间计算后，将当前刀具号替换为目标刀具号，为下一次调用换刀系统做准备，如图3-35c所示。需要注意的是，图中图形函数设定的换刀旋转方向为某一固定方向。如果需要改变换刀策略（如保证每次换刀按最小角度进行旋转），只需更改detect_t（x）图形函数内部逻辑即可。

冷却系统：当machine_state超状态中触发COSY事件时，冷却系统启动。冷却系统首先默认进入Initialize状态，随后调用detect_c（）图形函数，根据机床当前运行状态、切削液需求情况及冷却系统关闭策略决定冷却系统相应的动作。detect_c（）图形函数内部的执行逻辑基于前述冷却系统HOONet模型，如图3-35d所示。

主轴系统：主轴系统内部的状态转移由SPSY事件触发，转移方向依赖于HOONet模型参数多态机制下指定的ss值，即转移方向与机床当前状态有关。仿真开始前需要对仿真环境进行初始化，对于初始状态处于停机状态的机床，其主轴默认状态设定为off。当machine_state实体对SPSY事件进行广播时，主轴系统执行相应的状态转移，如图3-35e所示。

进给系统：进给系统的状态转移机制同主轴系统类似。不同之处在于，根据进给系统的运动轨迹和工件的加工特征类型，将进给系统的快速移动状态rapid和切削状态cutting划分出更详细的子状态，以更方便地模拟进给系统在运行过程中的能耗行为。如图3-35f所示，以普通数控车床为例，进给系统的功能是实现刀具纵向或横向移动，因此只需评估与X轴和Z轴相关的能耗行为。针对快速移动状态rapid，如前文所述，如果对于机床能耗评估的精度要求不高，进给系统在某些方向的快速移动时间可以忽略（循环车削除外）。针对切削状态cutting，基于进给系统HOONet模型的仿真如图3-35f所示。

function t_change：该函数的Stateflow实现如图3-36a所示。

function load_model：该函数的Stateflow实现如图3-36b所示。

▷ 5. 案例分析

下面以一台C2-6136HK数控车床加工棒料为例，说明数控机床动态加工过程的能耗建模与仿真应用。加工工件材料为45钢，毛坯直径29.94mm，车削长度80mm，切削条件见表3-15。C2-6136HK数控车床的能量源包括：风扇伺服系统、主轴系统、进给系统、换刀系统以及冷却系统。在机床运行过程中风扇伺服系统、冷却系统以及换刀系统的功率大小与负载无关，且功率值基本保持恒定，因此采用额定功率值（可从机床技术文档获取）表示其耗能部件模型。主

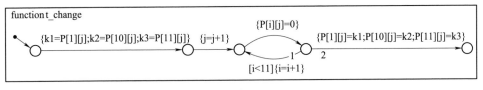

a)

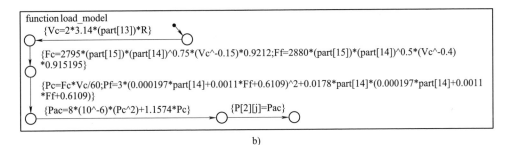

b)

图 3-36　machine_component 各函数实现

轴系统为机械主轴，主轴与进给系统的功率均受加工参数动态影响，因此采用数学模型作为其耗能部件模型，该模型基于作者所在研究团队的早期研究。

表 3-15　棒料实验 1 的切削条件

切削参数	加工方式	
	粗加工	精加工
主轴转速/(r/min)	700	800
进给率/(mm/min)	105	80
背吃刀量/mm	0.625	0.125

基于上述分析，对 C2-6136HK 数控车床加工棒料的动态加工过程进行能耗建模仿真。

① 针对 C2-6136HK 数控车床的运行特点，采用上述介绍的方法分别建立其机床层、运行状态层和部件层 HOONet 模型。本节建立的 HOONet 模型是面向对象的，其模块化使得各层模型可重用可扩展，因此可快速建立棒料加工的HOONet 模型。

② 根据 C2-6136HK 各能量源的能耗规律，分别建立各耗能部件的能耗模型。

③ 将与工件加工相关的信息用着色 token 表示。见表 3-16，采用两个着色token 分别表示棒料的粗加工和精加工信息。

④ 基于上述设备能耗动态驱动模型的建立方法，建立棒料车削中 HOONet

模型与各耗能部件能耗模型的驱动关系，通过着色 token 驱动整个模型的运行。采用上述介绍的基于 Stateflow 的 Petri 网仿真方法，在 MATLAB/Simulink 平台下实现了 C2-6136HK 数控车床动态加工过程的能耗模型的仿真。

表 3-16　棒料试验 1 的着色 token

特征	HOONet 内部 token	加工零件
Flr	Var +MX = 3A2； TT M = record with ｛TT MI = record with｛order = 1；feature = cylinder；machine = C2-6136HK；st = 9.7；es = 4A2；ut=0；tn = External turning tool；cr = T；cs=T；rt = 3.85；ct = 45.71；sp = 700；fp = 105；ap=0.625；｝ TT MS = record with｛bs = with"off"｜"on"；ss = with "off"｜"hold"｜"on"；fs = with "off"｜"hold"｜"on"；｝｝	 Flr Area: 50mm² MRR: 1.09mm²/s Flf Area: 10mm² MRR: 0.17mm²/s
Flf	Var +MX =4A2； TT M = record with ｛TT MI = record with｛order = 2；feature = cylinder；machine = C2-6136HK；st = 0；es = 2A2；ut=6；tn = External turning tool；cr = T；cs = F；rt = 3.86；ct = 60；sp = 800；fp = 80；ap = 0.125；｝ TT MS = record with｛bs = with"off"｜"on"；ss = with "off"｜"hold"｜"on"；fs = with "off"｜"hold"｜"on"；｝｝	

仿真获得的机床总能耗为 37.95W·h，采用 HIOKI3390 功率分析仪监测机床实际总能耗为 39.5W·h，如图 3-37 所示，仿真结果与监测结果之间的误差为 4%，在可接受范围内，证明了该方法的可行性。

仿真获得的 C2-6136HK 动态加工过程的详细能耗信息如下。

① 仿真结果从加工任务角度展示了工件加工能耗详细信息。如图 3-38 所示，能量主要消耗在棒料外圆特征的切削过程，能耗为 34.31W·h；在非切削过程中，机床准备状态和空载状态分别耗能 1.03W·h 和 3.65W·h。而针对切削过程进一步分析可分别获得粗、精加工阶段各能量源的能耗情况，可为工艺参数的优化提供数据支持。如图 3-38 所示的粗加工阶段，风扇伺服系统、主轴系统（空载）以及冷却系统的能耗均比精加工阶段相应能量源的能耗小，而切削能耗明显大于精加工。

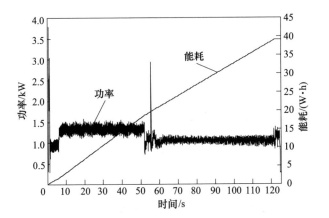

图 3-37 棒料车削实际加工功率及能耗

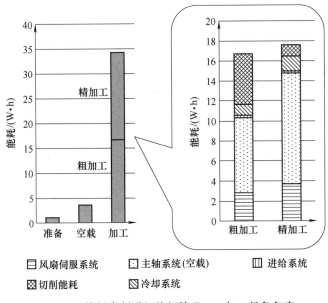

图 3-38 棒料车削详细能耗情况——加工任务角度

改变仿真中的背吃刀量和进给速度，探索背吃刀量和进给速度的变化对机床总能耗的影响。令粗加工背吃刀量 a_{p1} =（0.575；0.6；0.625；0.65mm）（相应的精加工背吃刀量 a_{p2} =（0.175；0.15；0.125；0.1mm））；此外，令粗加工进给速度 f_1 =（0.1；0.125；0.15；0.175；0.2mm/min），精加工进给速度 f_2 保持 0.1mm/min 不变。共设置 20 组仿真，仿真结果如图 3-39 所示。

仿真结果表明，随着背吃刀量的增大，机床总能耗几乎不产生变化；而随着进给速度的增大，机床总能耗逐渐减小。

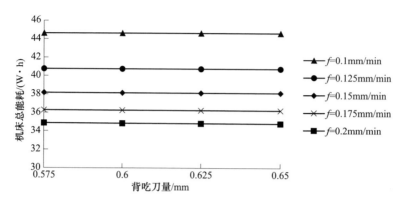

图 3-39　加工参数变化对棒料车削能耗的影响

进一步分析进给速度增大而机床总能耗逐渐减小的原因。观察粗加工背吃刀量为 0.625mm，粗加工进给速度从 0.1mm/min 变化到 0.2mm/min 这五组仿真数据下的各能量源能耗情况如图 3-40 所示。

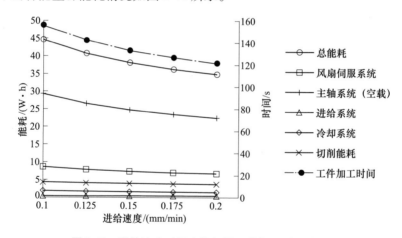

图 3-40　进给速度对机床能耗及工件加工时间的影响

从图 3-40 中可以看出，机床总能耗与工件加工时间变化趋势基本一致，均随着进给速度的增大而逐渐减小。从机床各能量源的能耗变化可看出，导致机床能耗减小的主要原因是主轴系统（空载）和风扇伺服系统能耗的减小。其余能量源如进给系统和冷却系统的能耗变化不大，用于去除材料的切削能耗也基本保持不变。

② 仿真结果分别从数控机床运行状态角度和多能量源角度全面地展示了加工过程的能耗分布情况，可为不同的生产参与人员提供需求的机床能耗信息，见表 3-17 和表 3-18。从机床状态角度可知机床在各个状态下的运行时间及能耗，

主要时间及能量消耗集中在加工状态。从能量源角度可知数控机床各个能量源的运行时间及能耗情况，主轴系统及风扇伺服系统为加工过程中的主要能量消耗源。将各机床状态能耗分解到各个能量源，使加工过程的能耗分布情况进一步透明化，有利于从策略和技术上发现节能潜能，如图 3-41 所示。

表 3-17 数控机床各运行状态的能耗

机床状态	仿真数据		
	能耗/（W·h）	能耗百分比（%）	持续时间/s
准备	1.03	2.64	15.70
空载	3.65	9.36	11.67
加工	34.31	87.99	105.71

表 3-18 数控机床各能量源的能耗

能量源	仿真数据		
	能耗/（W·h）	能耗百分比（%）	运行时间/s
风扇伺服	8.14	20.88	133.08
主轴系统/空载	20.64	52.93	117.38
进给系统	1.02	2.59	117.38
冷却系统	3.06	7.86	127.08
切削	6.13	15.72	105.71

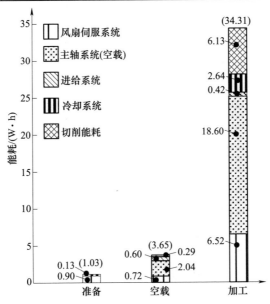

图 3-41 棒料车削能耗分析——加工设备角度

3.2 机械加工工艺能耗建模

机械加工工艺能耗常见的建模方法通常包括基于工艺机理的建模方法以及基于试验数据的建模方法等。本节主要以车削、铣削两种典型机械加工工艺为对象，介绍基于试验数据的机械加工工艺能耗建模方法。

3.2.1 车削加工工艺能耗建模

1. 车削工艺能耗试验设计

车削是常见的材料去除工艺，零件通过自身的旋转实现切削加工。该工艺被广泛用于生产直的、圆锥的、曲面的或者带沟槽的零件，如杆、轴、销等零件。车削可加工各种各样的材料，如铝、铜、钢、钛等。一台典型的数控（CNC）车床由几个不同的电机、控制系统以及其他辅助部件组成。主轴驱动电机为工件提供不同的转速，是驱动力最大的部件，其额定功率表示机床的加工能力。轴向伺服电动机驱动刀具以不同的速度轴向进给。由于 X、Z 轴及主轴电机的载荷取决于工件材料、切削参数及其他因素，因此这三个电机的能耗受载荷变化的动态影响。而转塔伺服电动机只在更换刀具时激活。在整个工艺过程中需要相对静态的功率，使得液压泵马达提供恒定的夹紧压力夹持工件。其他部件如放大器、风扇及其他辅助部件的能耗保持恒定，同时形成了机床的基本负载。本节中给出了五种不同型号、主轴功率及传动系统的 CNC 车床（图 3-42）进行建模试验。

车削是典型的材料去除工艺，车削加工工艺能耗建模的主要目的是获取比能与工艺参数间的映射关系。车削加工过程中的比能（specific energy consumption，SEC）表示去除单位体积（如 1cm³）材料消耗的能量，因而通常用切削比能来建立工艺能耗模型。

由于切削参数用于确定去除材料的单位体积，因此被视为设计因素。不同的工件材料具有不同的机械加工性，因此不同的材料切削参数范围不同。例如，切削铝合金需要相对较快的速度，为 200~400m/min，而对于低碳钢切削速度通常小于 150m/min。因此，工件材料类型通常也作为设计因素。

本节给出三种工件材料（即铝合金、低碳钢、高强度钢）的试验研究，见表 3-19。铝合金具有优异的切削加工性，高强度钢属于相对难切削材料。同时，由于切削参数取值范围受材料类型影响，因此试验参数水平设计见表 3-20，需要注意的是，不同参数水平将根据机床能力修正，以研究最大范围的切削参数。

每个实验过程中包含三个切削阶段，如图 3-43 所示。图 3-43a 展示了以 Col-

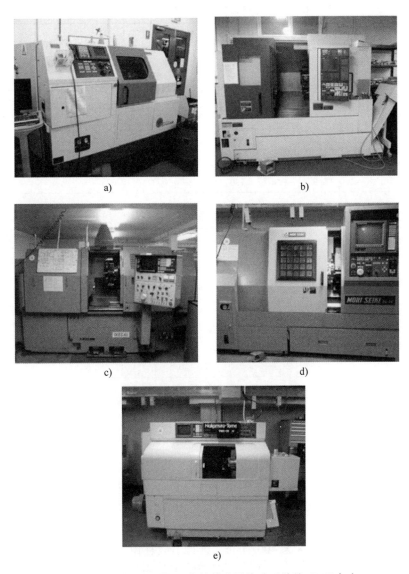

图 3-42 五种不同型号、主轴功率及传动系统的 CNC 车床

a）Colchester Tornado A50，1 主轴，2000 年 　b）Mori Seiki NL2000MC/500，2 主轴，2005 年

c）IKEGAI AX20，1 主轴，1970 年 　d）Mori Seiki SL-15，1 主轴，1980 年

e）Nakamura TMC-15，1 主轴，1990 年

chester Tornado A50 CNC 车床为例加工实验功率测量曲线（数据点时间间隔 0. 1s）。功率曲线可准确表示出每次切削加工：①将毛坯外圆车削至 ϕ49mm（图 3-43b、c）；②两次重复端面车削，在恒定的表面速度下测试主轴的加速；③外

表 3-19　工件材料铝合金、低碳钢、高强度钢属性

类型	成分及其质量分数（%）							布氏硬度（HB）	密度/（kg/dm³）
铝合金 2011	Cu	Fe	Pb	Bi	Si	Zn	Al	95	2.84
	5.5	0.7	0.4	0.4	0.4	0.3	92.0		
低碳钢 1020	C	Si	Mn	P	S			120~140	7.87
	0.20	0.25	0.45	0.04	0.04				
高强度钢 4140	C	Si	Mn	Cr	Mo	S	P	269~331	7.85
	0.4	0.2	0.8	1.0	0.2	0.025	0.025		

表 3-20　车削实验参数水平设计

材料	参数	Level 1	Level 2	Level 3
铝合金 2011	V/(m/min)	200	300	400
	f/(mm/r)	0.1	0.2	0.3
	d/mm	1.0	1.5	2.0
低碳钢 1020	V/(m/min)	100	150	200
	f/(mm/r)	0.1	0.2	0.3
	d/mm	0.5	1.0	1.5
高强度钢 4140	V/(m/min)	90	120	150
	f/(mm/r)	0.1	0.15	0.2
	d/mm	0.5	1.0	1.5

圆车削水平方向长度 50mm，另外再重复两次切削。同时，由功率曲线可知，在水平方向的外圆加工时功率趋于恒定，其中端面车削时功率数据不一致是由于切削过程中 MRR 不一致；若要保持恒定的 MRR，则在工件直径减小时主轴需要以指数级加速。因此，一旦主轴速度达到机床最大速度，如 Colchester Tornado A50 CNC 车床的最大速度为 400r/min，则将不能补偿工件直径减小造成的 MRR 减小量。此外，在实际加工过程中，端面车削仅占工件总材料去除体积的很小一部分，通常小于 5% 的总去除材料体积。因此本节的分析主要针对水平方向的外圆车削过程。

▶▶ 2. 车削工艺能耗建模

根据图 3-43a 所示每个实验组中的三次水平外圆车削功率曲线，可计算出该组实验切削过程的能耗（E）。同时，材料去除体积（Q）可根据切削参数计算，如式（3-37）所示。因此，去除单位体积的能耗，即比能（SEC）模型，可表示为式（3-38）。

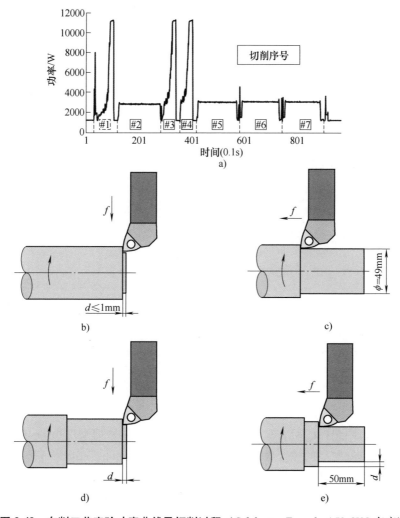

图 3-43 车削工艺实验功率曲线及切削过程（Colchester Tornado A50 CNC 车床）

$$Q = \left[\pi r_0^2 - \pi (r_0 - d)^2 \right] l \tag{3-37}$$

$$\mathrm{SEC} = \frac{E}{Q} = \frac{\int P_i \mathrm{d}t}{Q} \tag{3-38}$$

式中，r_0 表示工件毛坯半径；l 表示水平方向切削长度，本节中取 50mm。

　　每个设计切削参数均可通过曲线拟合回归，建立与比能（SEC）的映射关系模型，利用 SPSS 软件拟合 Colchester Tornado A50 CNC 车床加工实验测量结果，图 3-44 给出了切削速度与 SEC 的拟合结果示例，从图中可知以单个切削参数为输入的比能模型拟合度最大 R^2 仅为 0.395。

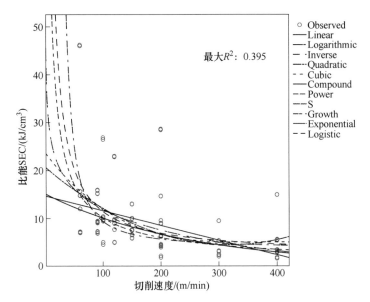

图 3-44 切削速度与 SEC 的拟合结果（Colchester Tornado A50 CNC 车床）

此外，大量研究表明，加工效率对 SEC 有重要影响，依据试验数据和类似方法，也可建立 SEC 与 MRR 映射关系模型。车削工艺的 MRR 计算如式（3-39）所示。

$$MRR = Vfd \qquad (3-39)$$

对于本节中选择的所有车床，以 MRR 为变量的倒数模型（Inverse 模型）拟合比能模型具有最高的拟合度（R^2 为 0.993）。Colchester Tornado A50 CNC 车床实验测量能耗的统计分析结果见表 3-21，模型拟合曲线如图 3-45 所示。由表中统计检验 P 值和 F 值可知 MRR 对 SEC 有显著影响。针对不同类型的车床，比能模型的拟合结果见表 3-22。

表 3-21 MRR 为变量的 SEC 模型拟合概要（Colchester Tornado A50 CNC 车床）

模型类型	拟合概要					表达式
	R^2	F-value	DF_1	DF_2	P-value	
Linear	0.295	74.003	1	177	0.000	$y = 13.2 - 7.1x$
Logarithmic	0.728	472.591	1	177	0.000	$y = 2.3 - 7.52 \ln x$
Inverse	0.993	26,563.613	1	177	0.000	$y = 1.5 + 2.2/x$
Quadratic	0.498	87.325	2	176	0.000	$y = 17.6 - 20.2x + 4.8x^2$
Cubic	0.681	124.615	3	175	0.000	$y = 24.9 - 55.6x + 38.2x^2 - 6.9x^3$
Compound	0.661	345.720	1	177	0.000	$y = 12.6 \times 0.38^x$

模型类型	拟合概要					表达式
	R^2	F-value	DF_1	DF_2	P-value	
Power	0.978	7732.117	1	177	0.000	$y = 3.5x^{-0.79}$
S	0.761	563.737	1	177	0.000	$\ln y = 1.4 + 0.17/x$
Growth	0.661	345.720	1	177	0.000	$\ln y = 2.5 - 0.97x$
Exponential	0.661	345.720	1	177	0.000	$\ln y = \ln 12.6 - 0.97x$
Logistic	0.661	345.720	1	177	0.000	—

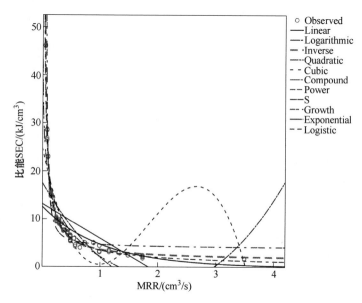

图 3-45　MRR 与 SEC 的拟合结果（Colchester Tornado A50 CNC 车床）

表 3-22　不同车床比能模型拟合结果

1. Colchester Tornado A50			
步数	变量	R^2	表达式
1	1/MRR	0.993	$y = 1.5 + 2.2/\text{MRR}$
2	HB	0.994	$y = 1.1 + 2.2/\text{MRR} + 0.003\text{HB}$

2. Mori Seiki NL2000MC/500			
步数	变量	R^2	表达式
1	1/MRR	0.927	$y = 3.6 + 2.4/\text{MRR}$
2	f	0.942	$y = 6.4 + 2.3/\text{MRR} - 14.5f$
3	d	0.963	$y = 10.7 + 1.9/\text{MRR} - 19.2f - 1.9d$

（续）

步数	变量	R^2	表达式
4	HB	0.966	$y = 9.9 + 1.8/\text{MRR} - 18.7f - 1.9d + 0.005\text{HB}$
5	V	0.970	$y = 8.0 + 1.9/\text{MRR} - 19.5f - 1.7d + 0.008\text{HB} + 0.005V$

3. 能耗模型

车床	R^2	表达式
Colchester Tornado A50	0.994	$y = 1.1 + 2.2/\text{MRR} + 0.003\text{HB}$
Mori Seiki NL2000MC/500	0.970	$y = 8.0 + 1.9/\text{MRR} - 19.5f - 1.7d + 0.008\text{HB} + 0.005V$
IKEGAI AX20	0.988	$y = 0.9 + 4.2/\text{MRR} + 0.01\text{HB} - 0.005V + 0.5d$
Mori Seiki SL-15	0.971	$y = 4.1 + 1.8/\text{MRR} + 0.01\text{HB} - 8.2f - 0.7d$
Nakamura TMC-15	0.973	$y = 8.8 + 1.7/\text{MRR} - 18.4f + 0.009\text{HB} - 1.6d$

注：HB 表示布氏硬度，f 表示进给速度（mm/r），d 表示切削深度（mm），V 表示切削速度（m/min）。

由表 3-22 可知，相对于 MRR，其他因素（如切削参数）对比能的影响可忽略不计（贡献的 R^2 值小于 5%）。因此，对本节中五种 CNC 车床的能耗模型进行简化，可表示为式（3-40），式中的系数 C_0 和 C_1 取值见表 3-23。此外，还需说明的是，采用该工艺能耗模型对其他车削设备进行建模时，可参考本节的方法开展试验获取系数 C_0 和 C_1。

$$\text{SEC}(\text{kJ/cm}^2) = C_0 + \frac{C_1}{\text{MRR}(\text{cm}^3/\text{s})} \tag{3-40}$$

表 3-23 不同实验车床比能模型汇总

车床	R^2	比能 SEC 模型
Colchester Tornado A50	0.993	$\text{SEC} = 1.495 + 2.191/\text{MRR}$
Mori Seiki NL2000MC/500	0.927	$\text{SEC} = 3.600 + 2.445/\text{MRR}$
IKEGAI AX20	0.981	$\text{SEC} = 2.093 + 4.415/\text{MRR}$
Mori Seiki SL-15	0.940	$\text{SEC} = 2.378 + 2.273/\text{MRR}$
Nakamura TMC-15	0.929	$\text{SEC} = 3.730 + 2.349/\text{MRR}$

此外，车削过程中影响因素很多，除了上述涉及的切削参数、工件材料以外，刀具情况、是否使用切削液以及加工环境（温度、湿度等）等因素也会对车削能耗产生影响。在切削加工过程中，使用切削液（湿切）可以实现切削区域的冷却润滑，避免工件损伤，同时提高刀具寿命。但另一方面，切削液的成本及其使用后带来的环境影响驱动切削工艺向干切发展。部分材料适用于干切，如铝合金、铜、钢等。从能耗角度来说，使用切削液需要额外的电机驱动冷却

泵。由于冷却泵的功率是恒定的，因此可将其视为基本负载，所以切削液的类型可视作固定因素。与此同时，刀具状况如磨损、加工环境如温度等因素也会对能耗产生影响，可统一归类为损害因素。因此，上述车削工艺能耗模型的建立需考虑相应的适用范围，或者结合不同的加工条件，需要进行相应的修正。

3.2.2 铣削加工工艺能耗建模

1. 铣削工艺能耗试验设计

铣削工艺是另一种典型的材料去除工艺，多个刀刃旋转的同时相对于工件沿着不同的轴运动去除材料。铣削是一种多用途的工艺，可完成多种类型的加工，如阔面铣削、侧铣、立铣、成型铣等。铣削可实现相较于内外圆形表面更复杂的形面加工。目前，市面上已有各种类型的多功能铣床，例如升降式铣床、卧式铣床、复杂曲面铣床等。与车削类似，手动铣床已被 CNC 铣床所取代，CNC 铣床提供多种加工同时具有高生产率和精度。本节中选用三种不同型号、不同主轴规格及传动系统、不同年代的 CNC 铣床及铣削加工中心进行建模试验，如图 3-46 所示，均可用于面铣削且主轴垂直于工件表面。

在铣削过程中工件保持相对固定，刀具旋转完成材料去除，切屑是由刀具对工件的剪切及挤压去除的，因而铣削工艺比能（SEC）模型与车削类似，其中材料去除率 MRR 是重要的模型参数。由于铣削过程中多个刀刃旋转完成材料去除，因此铣削加工 MRR 与车削有所区别，可表示为式（3-41）。

$$MRR = wdv \tag{3-41}$$

式中，w 表示切削宽度（mm）；d 表示切削深度（mm）；v 表示工件线速度（mm/min），可由每齿进给量 f、刀齿数 n、主轴转速 N、主轴转速 n、切削速度 V 以及刀具直径 D 表示为式（3-42）。

$$v = fnN = fn\left(\frac{V}{D}\right) \tag{3-42}$$

根据上述表达式可知，铣削与车削相比有更多的设计参数。机床操作者通常利用主轴转速及工件转速控制铣削加工过程。主轴转速直接影响主轴电机的能耗，进而刀具直径需要进行测试。此外，刀具直径对工件速度也有影响。因此，刀具直径相比于刀齿数对工艺影响更大。另外，有无切削液也会对工艺产生影响。综上，本节铣削实验中，采用三种工件材料，两种不同刀具，并结合干切和湿切两种加工工况开展试验。

工件材料包括铝合金 2011、低碳钢 1020 及高强度钢 4140；两种不同的刀具：直径 φ32mm（4 个刀齿）以及直径 φ63mm（4 个刀齿）；切削宽度调整以适应相应直径的刀具。根据机床的加工能力，实验参数范围及水平设计见表 3-24。

a)

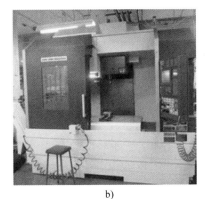
b)

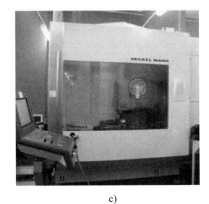
c)

图 3-46 三种不同 CNC 铣床及铣削加工中心

a) Fadal VMC 4020，3 个轴（1 个主轴），电机功率 11kW，1998 年

b) Mori Seiki Dura Vertical 5100，3 个轴（1 个主轴），电机功率 15kW，2008 年

c) DECKEL MAHO DMU 60P，5 个轴（1 个主轴），电机功率 19kW，2005 年

表 3-24　铣削实验参数设计

材料	因素	因素水平		
铝合金 2011	$V/(\text{m/min})$	200	300	400
	$f/(\text{mm/r} \cdot \text{tooth})$	0.1	0.2	0.3
	d/mm	1.0	2.0	3.0
低碳钢 1020	$V/(\text{m/min})$	120	160	200
	$f/(\text{mm/r} \cdot \text{tooth})$	0.1	0.15	0.2
	d/mm	1.0	1.5	2.0
高强度钢 4140	$V/(\text{m/min})$	100	140	180
	$f/(\text{mm/r} \cdot \text{tooth})$	0.1	0.15	0.2
	d/mm	0.5	1.0	1.5

（续）

因素	因素水平				
切削环境	干切			湿切	
刀具直径 D/mm	32（4 个刀齿）			63（4 个刀齿）	
切削宽度 w/mm	10	15	25	10	30

将毛坯预加工为 50mm×50mm×200mm 的实验件，加工时选用顺铣，切削起点为最大未变形切屑厚度点。每组参数重复两次干切，第三次切削采用湿切。铣削工艺实验能耗曲线及切削过程示例如图 3-47 所示。

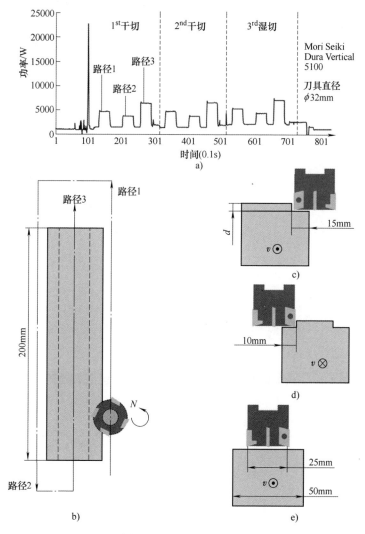

图 3-47　铣削工艺实验能耗曲线及切削过程

⯮ 2. 铣削工艺能耗建模

铣削工艺试验过程的能耗（E）可通过功率曲线计算获得，同时根据切削参数可计算铣削工艺材料去除体积（Q），如式（3-43）所示，进而铣削工艺比能（SEC）模型为 $SEC = E/Q$。

$$Q = wdl \tag{3-43}$$

与车削工艺实验分析相似，利用 SPSS 软件对 Mori Seiki Dura Vertical 5100 铣床实验结果进行拟合，结果如图 3-48 所示。由图中可看出对于铣削工艺来说，倒数模型（Inverse 模型）拟合度（R^2 为 0.947）更好。因此，铣削工艺能耗模型表达式同样为 $SEC = C_0 + C_1/MRR$，与车削工艺不同的是系数 C_0 和 C_1 的取值不同。对本节中三种 CNC 铣床的比能模型汇总见表 3-25。与车削工艺类似，采用该能耗模型对其他铣削设备进行建模时，参考本节的方法开展试验即可获取系数 C_0 和 C_1。

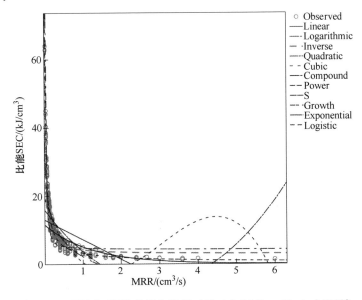

图 3-48　MRR 与 SEC 的拟合结果（Mori Seiki Dura Vertical 5100）

表 3-25　不同实验铣床比能模型汇总

铣床	R^2	比能 SEC 模型
Mori Seiki Dura Vertical 5100	0.947	$SEC = 2.830 + 1.344/MRR$
Fadal VMC 4020	0.971	$SEC = 2.845 + 1.330/MRR$
DMG DMU 60P	0.997	$SEC = 2.411 + 5.863/MRR$

3.3 机械加工工件能耗建模

机械加工工件能耗建模是实现工件加工过程节能的基础和前提，因此，本节提出了一种机械加工工件能耗建模方法，从工件层面量化分析工件机械加工能耗，有效支持工件加工能耗特征分析、能耗评估和优化。

▷▷ 3.3.1 机械加工工件能耗建模框架

图 3-49 为机械加工工件能耗建模框架，主要包含工件特征识别、工件特征参数提取及工件机加工能耗信息生成等。特征是工件的基本组成单元，工件的优化设计通常是通过优化各特征参数实现，当工件完成三维建模确定其尺寸形状信息后，首先基于特征技术对工件进行特征识别，确定工件的组成特征，获取工件尺寸形状相关参数，然后输入各加工特征表面粗糙度要求等精度相关参数，并以工件特征字典的形式对工件特征参数进行存储。随后基于工件特征字典中各特征的表面粗糙度要求对各特征进行工艺规划，并确定各特征加工工序的刀具路径。通过提取加工工序的刀具路径信息及工艺规划信息生成此加工工序的 token M，各加工工序 token M 组成的集合即是 token 集。然后利用分层面向对象的 Petri 网构建工件机加工过程动态能耗模型，通过 token 集驱动动态能耗模型实现对工件机加工能耗的预测。

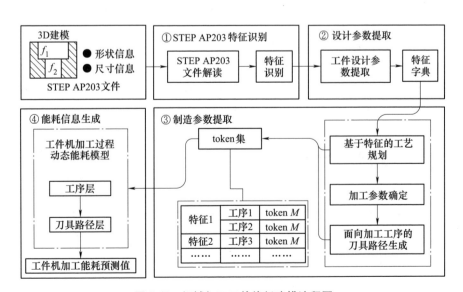

图 3-49　机械加工工件能耗建模流程图

▶3.3.2　机械加工工件特征识别

　　为实现工件相关参数的提取，首先对工件进行特征识别。由于 STEP AP224 协议是支持制造特征并用于单个零件机械加工的产品信息的表达与交换的应用协议，是目前较为通用的特征定义方式之一，因此基于 STEP AP224 协议中定义的特征对 STEP AP203 文件进行特征识别。目前，常用的特征识别方法包括基于属性邻接图的识别方法、基于体分解的识别方法、基于规则的识别方法及基于痕迹推理的识别方法等。为了对研究对象进行聚焦，本节重点对车削工件中的特征父类外圆特征（Outer_round）、旋转特征（Revolved_feature）及其下属的直接子类特征及圆孔特征（Round_hole）等特征进行识别。南京航空航天大学研

究团队提出了一种基于规则的特征识别方法来实现对 STEP AP203 文件的识别，该方法主要适用于车削工件的特征识别，对于车削工件中常常出现的几类典型特征，具有很好的识别效果，且识别效率也很理想。因此，本节采用基于规则的识别方法完成对 STEP AP203 文件的识别，具体过程如图 3-50 所示。

　　工件的三维模型经过特征识别后生成了工件的 STEP AP224 文件。生成的 STEP AP224 文件中包含特征的几何信息及从 STEP AP203 文件中保留下的

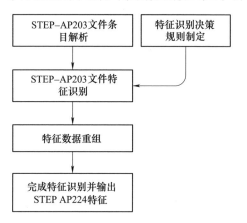

图 3-50　基于规则的 STEP AP203 文件特征识别流程

工件材料信息。图 3-51 所示为基于 EXPRESS 语言描述的 outer_diameter 特征，

```
ENTITY outer_diameter
    SUBTYPE OF (outer_round);
    diameter: numeric_parameter;
    feature_length: numeric_parameter;
    reduced_size: OPTIONAL taper_select;
END_ENTITY;
TYPE taper_select =SELECT (diameter_taper, angle_taper);
END_ENTITY;
ENTITY diameter_taper;
    final_diameter: numeric_parameter;
END_ENTITY;
ENTITY angle_taper;
    angle_taper: numeric_parameter;
END_ENTITY;
```

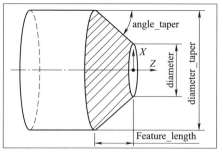

图 3-51　基于 EXPRESS 语言描述的 outer_diameter 特征

EXPRESS 语言是 STEP 的标准表达语言。图 3-51 所示定义 outer_diameter 需 diameter、feature_length 及 reduce_size 三个定义参数。其中 reduce_size 实现了区别圆柱体和圆锥体，通过 diameter_taper 或 angle_taper 定义圆锥体。通过工件特征字典中加工特征的类型、加工特征的关键尺寸参数及加工特征的轮廓点坐标等参数对加工特征进行描述。输入各加工特征的表面粗糙度要求用于制定工件加工工序及工序刀具路径。表 3-26 所示为 outer_diameter 特征在工件特征字典中的表示。

表 3-26 　 outer_diameter 特征在工件特征字典中的表示

工件特征	定义参数	轮廓坐标	表面粗糙度要求	材料信息
out_diameter1	diameter; feature_length	$(x_1, y_1, z_1);$ $(x_2, y_2, z_2);$	Ra	AL6061

3.3.3　工件特征参数提取

工件特征参数提取是对特征识别后生成的工件参数进行存储，以驱动工件机械加工能耗模型对能耗进行预测。其意义在于能方便快速地修改工件特征参数，进而快速获取不同参数下的工件机械加工能耗。考虑到基于特征加工工序刀具路径对工件特征机械加工能耗进行预测能准确反映工件特征参数对能耗的影响，因此首先需生成各特征加工工序的刀具路径。

1.　面向工件特征的刀具路径生成

面向工件特征的工艺规划可在考虑特征表面粗糙度要求的前提下对特征分别设置粗加工和精加工工序，如对表面粗糙度要求高于某一特定值时设置精加工工序，否则只设置粗加工工序，而工序的加工参数可选用刀具生产商的推荐值。由于工序执行顺序会影响刀具路径的生成进而影响工件机加工能耗，为了获取不同工序执行顺序下各加工工序的刀具路径，需先确定各加工工序的切削区域。图 3-52 以一个外圆车削工件为例，展示了三种工序执行顺序下的各加工工序的切削区域。图 3-52 中 P_1、P_2 和 P_3 分别表示槽特征粗车、外圆特征粗车和外圆特征精车工序，图 3-52d 中网格线及圆点所标记的区域分别为 P_1 和 P_2 及 P_1 和 P_3 的切削交集。观察图 3-52a～c 可知，当工序在执行顺序中位置改变时其切削区域也随之改变，工序越靠前则其切削区域越大。

工序切削区域的确定可以看作是集合基数的确定，而容斥原理是确定集合基数的有效方法，因此通过容斥原理确定第 k 道加工工序 P_i 的切削区域。面向工序的刀具路径生成方法的流程如图 3-53 所示，s 为装夹位置指示变量，sn 为总装夹次数。算法具体步骤如下：

步骤 1：确定各工序的装夹位置及加工顺序并设置 s 为 1，表明当前计算装

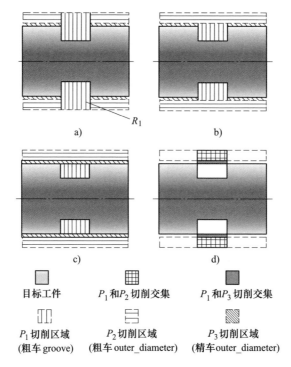

a)　　　　　　　　　b)

c)　　　　　　　　　d)

目标工件　　　　　　P_1 和 P_2 切削交集　　　　P_1 和 P_3 切削交集

P_1 切削区域　　　　　P_2 切削区域　　　　　P_3 切削区域
(粗车 groove)　　　 (粗车 outer_diameter)　　 (精车 outer_diameter)

图 3-52　三种不同工序执行顺序下各加工工序切削区域

a)　$P_1 \rightarrow P_2 \rightarrow P_3$　b)　$P_2 \rightarrow P_1 \rightarrow P_3$

c)　$P_2 \rightarrow P_3 \rightarrow P_1$　d)　工序间的切割交集

夹位置 1 下的各加工工序的刀具路径。

步骤 2：将各加工工序在工序执行顺序表中的位置前置，通过加工特征与毛坯之间的三维实体布尔运算确定包括切削交集在内的各加工工序的最大切削区域，如图 3-52 中的 R_1 所示。

步骤 3：通过各工序最大切削区域间的三维实体布尔运算确定两个或多个加工工序的切削交集。

步骤 4：通过容斥原理计算各加工工序的切削区域，工序 P_i 在工序执行顺序第 k 位置下的切削区域确定方法如式（3-44）~式（3-49）所示。

$$r_i = ((R_i - \mathrm{IR}_{i,2}) \cup \mathrm{IR}_{i,3} - \mathrm{IR}_{i,4}) \cup \mathrm{IR}_{i,5} - \mathrm{IR}_{i,6} \tag{3-44}$$

$$\mathrm{IR}_{i,2} = \bigcup_{1 \leqslant j_1 \leqslant k} (G_{j_1} \cap R_i) \tag{3-45}$$

$$\mathrm{IR}_{i,3} = \bigcup_{1 \leqslant j_1 \leqslant j_2 \leqslant k} (G_{j_1} \cap G_{j_2} \cap R_i) \tag{3-46}$$

$$\mathrm{IR}_{i,4} = \bigcup_{1 \leqslant j_1 \leqslant j_2 \leqslant j_3 \leqslant k} (G_{j_1} \cap G_{j_2} \cap G_{j_3} \cap R_i) \tag{3-47}$$

$$\text{IR}_{i,5} = \bigcup_{1 \leqslant j_1 \leqslant j_2 \leqslant j_3 \leqslant j_4 \leqslant k} (G_{j_1} \cap G_{j_2} \cap G_{j_3} \cap G_{j_4} \cap R_i) \tag{3-48}$$

$$\text{IR}_{i,6} = \bigcup_{1 \leqslant j_1 \leqslant j_2 \leqslant j_3 \leqslant j_4 \leqslant j_5 \leqslant k} (G_{j_1} \cap G_{j_2} \cap G_{j_3} \cap G_{j_4} \cap G_{j_5} \cap R_i) \tag{3-49}$$

其中，r_i 表示工序 P_i 的切削区域；R_i 表示工序 P_i 的最大切削区域；$\text{IR}_{i,2}$、$\text{IR}_{i,3}$、$\text{IR}_{i,4}$、$\text{IR}_{i,5}$ 和 $\text{IR}_{i,6}$ 分别表示由 2 个、3 个、4 个、5 个及 6 个工序形成的切削交集。由于 6 个以上工序形成切削交集的情况较少，因此本节暂不考虑。G_j 表示第 j 道工序的最大切削区域；j_1 和 j_2 是加工顺序特定加工位置的指代数字，为整数；符号 $\cap$、$\cup$ 和 $-$ 分别表示三维实体布尔运算的交、并和差操作。

步骤 5：基于各加工工序的切削区域并结合其对应的加工参数和走刀策略生成各加工工序的刀具路径。韩国浦项科技大学研究团队给出了刀具路径目标文件的生成方法，刀具路径包含五种类型：approach、interpol _ nocontact、interpol _ contact、rapid、retract。五种刀具路径示意图如图 3-54 所示。图 3-54 中类型为 approach 的刀具路径为刀具从刀具起始点向进刀点的位置移动

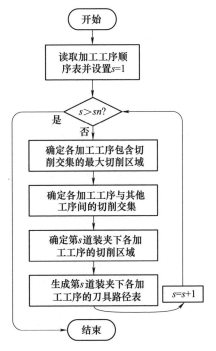

**图 3-53　面向特征加工工序的
刀具路径生成流程图**

的过程；类型为 interpol_nocontact 的刀具路径为刀具以工进速度进给但并未接触工件的过程；类型为 interpol_contact 的刀具路径为刀具接触工件进行切削的过程；类型为 rapid 的刀具路径为单次切削完成后刀具快速抬刀的过程；类型为 retract 的刀具路径为工序切削完成后刀具退回退刀点的过程。相比于 NC 代码，所生成的刀具路径文件对空切过程和切削过程进行了区分，因此能获得更准确的仿真结果。

▶▶ 2. 加工工序 token *M* 的定义

token 是 HOONet 的驱动文件，基于 HOONet 构建的工件机加工能耗模型将在下节说明。将工件特征参数以 token 的形式保存，实现对工件特征参数的提取。HOONet 的 token 类型有初始型和抽象型两种。初始型的定义和着色 Petri 网（CPN）相同，抽象型由多个初始型合成得到。以加工工序作为能耗的仿真单元，提取各加工工序中的信息生成对应 token *M*。

token *M* 由 8 个子 token 组成，其定义如图 3-55 所示。token *M_ feature* 类型

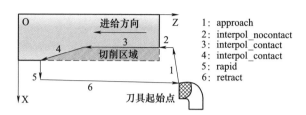

图 3-54　刀具路径类型示意图

为抽象型包含了特征的基本信息，由 3 个初始型 token 组成，其中 token *fn* 保存特征的名称，token *mp* 为粗精加工指示变量，粗精加工分别用 0 和 1 表示，token *fm* 表征材料类型。token *M_MA* 表征机床的类型，token *M_tool* 表征此加工工序所用刀具代号；token *M_function* 表征加工工序冷却系统使用的需求，如果值为 1 则代表完成当前加工工序时冷却系统开启；token *M_clamping* 表征完成此加工工序时工件的装夹编号；token *M_parameters* 中包含了加工工序的加工参数，如车削速度、进给速度、切削深度等。token *M_toolpath* 类型为抽象型记录此加工工序刀具路径，由 2 个初始型 token 组成，其中 token *tp_coor* 和 token *tp_type* 分别包含当前加工工序的刀具路径坐标和类型。token *M_time* 中包含 token *st* 和 token *ut* 和 token *txt* 共 3 个初始型 token，分别表示工件装夹时间、卸载时间及换刀时间。

```
TT M=record with
{  TT M_feature =record with {  /*特征信息*/
       fn; /* 特征名称*/fm; /*材料类型*/mp; /*加工工艺*/ }
   TT M_MA;        /*机床类型*/
   TT M_tool;      /*切削刀具*/
   TT M_function;         /*冷却需求*/
   TT M_clamping;         /*装夹编号*/
   TT M_parameters;       /*加工参数*/
   TT M_toolpath =record with {  /*加工工序刀具路径信息*/
       tp_coor;  /*路径坐标*/ tp_type;  /*路径类型*/
   TT M_time =record with {  /*时间信息*/
       st;/*装夹时间*/ut;/*卸载时间*/txt;/*换刀时间*/}}
```

图 3-55　加工工序 token *M* 的定义

3.3.4　机械加工工件能耗模型

工件的机械加工过程涉及的耗能系统种类多样，由于加工任务的改变会使得这些耗能系统在工件机加工过程中动态启停，增加了能耗建模的难度。图3-56 为某工件机加工过程的功率曲线，共包含了两次装夹，每次装夹完成两个工序的加工。在完成工序 2 后机床主轴电机停止，此时只有风扇及伺服系统耗能，工件进行二次装夹，并进入到工序 3 的加工过程中。随后机床运行 approach 路径，主轴电机和进给轴电机开启，如果具有冷却需求则冷却系统同时开启，此时主轴系统、进给轴系统、风扇及伺服系统、冷却系统四个系统耗能。当工序刀具路径切换为 interpol_nocontact 后，进给系统进给速度降低，进给轴功率减小，随着刀具接触工件即工序刀具路径变为 interpol_contact 后，切削功率产生，主轴系统能耗需求增加。由此可见，工件机加工过程中多种耗能系统动态切换存在动态能耗行为。

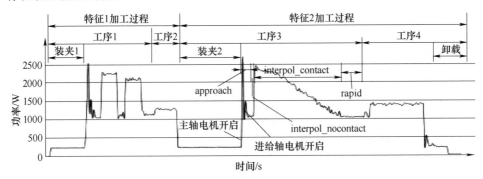

图 3-56　工件机加工过程动态能耗行为示意图

由于工件机加工过程可看作一系列由刀具路径触发的离散事件，因此，本节采用离散事件建模方法——分层面向对象的 Petri 网 HOONet 对工件加工过程能耗进行建模。所构建的工件加工过程动态能耗模型包含工序层、刀具路径层两个层次。工序层描述了工序各执行过程的切换。刀具路径层 HOONet 能耗模型是对工序层 HOONet 能耗模型中 ABP 的细分，描述了工序不同执行过程中耗能系统的启停，通过 COT 的形式对各耗能系统的能耗计算方法进行调用。

▶▶ 1. 工序层能耗模型

工序层的 HOONet 能耗模型如图 3-57 所示，ABP "prepare" 表征工序加工前的准备过程，包括换刀、对刀、工件装夹等过程；ABP "move" 表征空载过程，包括刀具快速进给及以既定进给速度进给但并未与工件接触的过程，在执行类型为 approach、rapid 及 interpol_nocontact 的刀具路径时，机床处于空载过程；ABP "contact" 库所表征工件与刀具接触的过程，在执行类型为 interpol_contact 的刀具路径时，机床处于此过程；ABP "retract" 表征切削结束，刀具返回退刀点的过程，在执行类型为 retract 的刀具路径时，机床处于此过程。工序层的数据字典 "DD" 由包含当前工序加工参数的 token M、过程指示变量 MX 及 token state 组成。token state 包含各耗能系统的状态标识符，其中 bs、ss 和 cs 分别为风扇及伺服系统 "BESY"、主轴系统 "SPSY" 及冷却系统 "COSY" 的状态标志符，为 1 代表系统开启，为 0 代表系统关闭。加工任务下达时，L1_t1 被激发，

119

ABP"prepare"被标记，进入工序准备过程，机床进行换刀和工件装夹操作。随后 L1_t2 被激发，ABP"move"被标记，刀具移动，此过程结束后，MX 的值会根据刀具路径重新定义为 2A、3A 或 4A，MX 值为 2A 时表明下一过程仍为"move"，ABP"move"再次被激发，值为 3A 时下一过程为"contact"，L1_t3 被激发，ABP"contact"被标记。在遍历所有工序的刀具路径后，L1_t6 被激发，退出能耗模型，等待下一个工件到达。

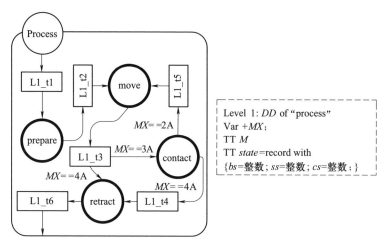

图 3-57　工序层 HOONet 能耗模型

▶ 2. 刀具路径层能耗模型

ABP"prepare"的细分模型如图 3-58 所示，COT"BESY"和 COT"TOSY"分别表示调用机床风扇及伺服系统和换刀系统。当 ABP"prepare"被标记时，COT"BESY"被激发，PIP"BEon"被标记，表明此时机床风扇及伺服系统开启。随后 COT"TOSY"被激发，机床换刀系统运行，并将 MX 赋值为 2A。在"prepare"过程中，仅有风扇及伺服系统开启，因此 ABP"prepare"细分模型的"DD"中 bs 为 1，ss 和 cs 为 0。

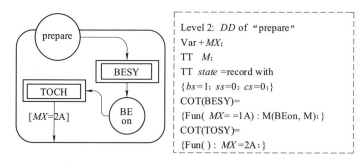

图 3-58　刀具路径层中 ABP"prepare"细分模型

ABP "move" 的细分模型如图 3-59 所示，当 "move" 被标记时，刀具路径时间计算系统 COT "SRTC" 首先被激发，获取当前刀具路径的时间，同时 PIP "m1" 被标记。随后主轴系统 COT "SPSY" 被激发，主轴系统空转状态 PIP "SPidle" 被标记。PIP "check" 是过程选择库所，用于判断下一刀具路径的类型，同时将工序刀具路径指示变量 pn 加 1。当下一刀具路径类型为 approach、interpol_nocontact 或 rapid 时变迁 L2_m1 被激发，并对 MX 赋值 2A，表明下一工序执行过程仍为 "move"；当下一刀具路径类型为 interpol_contact 时变迁 L2_m2 被激发，并对 MX 赋值 3A，表明下一工序执行过程为 "contact"。

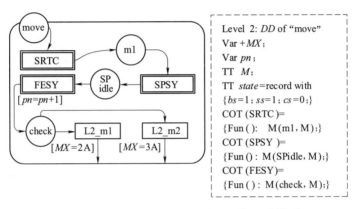

图 3-59 刀具路径层中 ABP "move" 细分模型

ABP "contact" 的细分模型如图 3-60 所示。模型包含 4 个 COT，其中 COT "COSY"、COT "SPSY" 和 COT "FESY" 分别表示完成工件与刀具接触过程中的冷却系统、主轴系统和进给系统；COT "SRTC" 含义同上面，表示时间计算系统。"DD" 中冷却系统指示变量 cs 基于 token M 中的初始型 token $M\_function$ 确定，当 token $M\_function$ 值为 1 时，则对 cs 赋值为 1。COT "COSY" 被激发后，如果 $cs=1$，则 PIP "COon" 被标记，表示冷却系统开启，否则 PIP "COoff" 被标记。

ABP "retract" 的细分模型如图 3-61 所示。当工序执行过程为 "retract" 时，COT "COSY" 被激发，机床冷却系统关闭状态 PIP "COoff" 被标记，冷却系统关闭。随后机床进给轴移动，进给系统被调用，库所 r1 被标记，并判断是否存在下一道工序，如果存在则变迁 L2_r1 被激发，更新 token M，否则 COT "BESY" 被激发，取下工件，风扇及伺服系统关闭。

通信变迁 COT 中记载了功率及时间的计算方式，包括时间计算系统 COT "SRTC"、风扇及伺服系统 COT "BESY"、冷却系统 COT "COSY"、换刀系统 COT "TOSY"、主轴系统 COT "SPSY" 及进给系统 COT "FESY"。时间计算系统 COT "SRTC" 包含机床走刀的快速移动、空切及材料移除时间的计算方式。

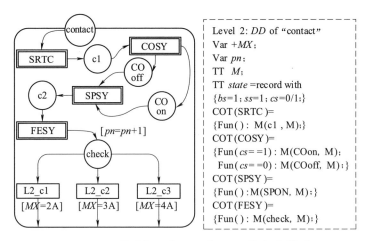

图 3-60 刀具路径层中 ABP "contact" 细分模型

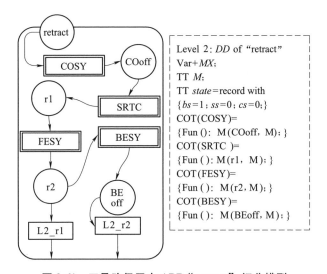

图 3-61 刀具路径层中 ABP "retract" 细分模型

当走刀路径类型为 approach、retract 和 rapid 时，走刀时间计为快速进给时间 rt，如式（3-50）所示。

$$rt = \frac{60\sqrt{(X_{s} - X_{e})^{2} + (Z_{s} - Z_{e})^{2}}}{v_{r}} \qquad (3-50)$$

式中，v_r 是快速进给速度，单位为 mm/min；X_s 和 X_e 分别是刀具路径起始点和终点的 X 轴坐标；Z_s 和 Z_e 分别是刀具路径起始点和终点的 Z 轴坐标，上述信息从 token M 中获取。当走刀路径类型为 interpol_noncontact 时，走刀时间计为空切时间 it，如式（3-51）所示。

$$\text{it} = \frac{\sqrt{(X_s - X_e)^2 + (Z_s - Z_e)^2}}{f} \tag{3-51}$$

式中，f 是进给速度，单位为 mm/min。当走刀路径类型为 interpol_contact 时，走刀时间计为切削时间 ct，可通过式（3-52）计算，l 为切削路径长度。

$$\text{ct} = \frac{l}{f} \tag{3-52}$$

COT "COSY" 中保存机床冷却系统的功率 P_{COSY}，冷却系统能耗 E_{COSY} 计算方法如式（3-53）所示，$t_{\text{COon-off}}$ 表示冷却系统运行时间，为 PIP "COon" 被标记到 PIP "COoff" 被标记之间总走刀时间和。

$$E_{\text{COSY}} = P_{\text{COSY}} t_{\text{COon-off}} \tag{3-53}$$

COT "BESY" 中保存机床风扇及伺服系统的功率 P_{BESY}，机床风扇及伺服系统能耗 E_{BESY} 计算方法如式（3-54）所示，$t_{\text{BEon-off}}$ 表示完成工序总耗时，为 PIP "BEon" 被标记到工序结束即 L2_r1 或 L2_r2 被激发之间总时间和。

$$E_{\text{BESY}} = P_{\text{BESY}} t_{\text{BEon-off}} \tag{3-54}$$

COT "TOSY" 中保存机床换刀系统的功率 P_{TOSY}，机床换刀系统能耗 E_{TOSY} 计算方法如式（3-55）所示，其中 t_{txt} 表示换刀时间，从 token M 中读取。

$$E_{\text{TOSY}} = P_{\text{TOSY}} t_{\text{txt}} \tag{3-55}$$

进给系统的能耗计算方式保存在 COT "FESY" 中，进给轴功率 P_{FESY} 计算如式（3-56）所示，k 和 b 为系数，进给轴运动时间由 COT "SRTC" 给出。进给系统能耗 E_{FESY} 通过累加各刀具路径下进给轴能耗获得。

$$P_{\text{FESY}} = kf + b \tag{3-56}$$

主轴系统的能耗计算方式保存在 COT "SPSY" 中。当刀具路径层 HOONet 模型中的主轴状态指示变量 ss 为 1 时，计算主轴空转功率 P_a 如式（3-57）所示，C_1、C_2 和 C_3 为系数，n 为主轴转速；当 ss 为 2 时，同时计算主轴空转功率 P_a 及材料移除功率 P_{cc}。P_{cc} 的计算方法如式（3-58）所示，MRR 为材料去除率，单位为 cm³/s，λ 为模型系数，单位为 kJ/cm³，可通过查阅文献或实验的方法获得。工序加工过程中主轴系统能耗 E_{SPSY} 通过累加各刀具路径下主轴能耗获得。

$$P_a = C_1 n^2 + C_2 n + C_3 \tag{3-57}$$

$$P_{cc} = \lambda \text{MRR} \tag{3-58}$$

工序机加工能耗 E_{pro} 计算方法如式（3-59）所示。工件第 m 个特征机加工能耗 $E_{\text{feature},m}$ 计算方法如式（3-60）所示，其中 mi 为第 m 个特征加工工序的代号，$E_{\text{pro},m,mi}$ 第 m 个特征第 mi 道加工工序的能耗，工件机加工能耗计算方法如式（3-61）所示。

$$E_{\text{pro}} = E_{\text{COSY}} + E_{\text{BESY}} + E_{\text{TOSY}} + E_{\text{FESY}} + E_{\text{SPSY}} \tag{3-59}$$

$$E_{\text{feature},m} = \sum_{mi=1} E_{\text{pro},m,mi} \tag{3-60}$$

$$E_{\text{part}} = \sum_{m=1} E_{\text{feature},m} \tag{3-61}$$

3.3.5 案例分析

为验证上述工件机加工过程动态能耗模型的可行性和准确性，将该模型应用在盘类工件。案例盘类工件中包含了常见的车削特征，例如带锥度的外径（outer_diameter）、轴肩的外径（outer_diameter_to_shoulder）、圆面（circular_face）、圆孔（round_hole）等。

盘类工件的工程图如图 3-62 所示。基于工件特征识别结果及各加工特征表面粗糙度要求所生成的包含特征参数的工件特征字典如图 3-63 所示，盘类工件共包含 6 个特征，F1~F6 为特征代号。为了满足设计要求，需对表面粗糙度要求高于 Ra3.2 的特征设置精加工工序，工件工艺规划结果及工艺执行顺序见表 3-27。工序 P1~P9 采用山高 CNMG120408 加工，刀具代号 1，工序 P10 采用山高 TNGG160402R 加工，刀具代号 2，工序加工参数为刀具生产厂商推荐值。利用面向加工工序的刀具路径生成方法生成的各加工工序切削区域及刀具路径如图 3-64 所示。通过提取工序 P1 中的加工对象、加工参数、刀具路径等参数所生成的 token M 如图 3-65 所示，经过测量，工件装夹、换刀和对刀分别

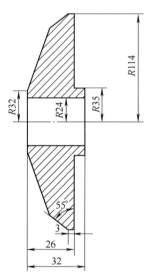

图 3-62 盘类工件工程图

耗时 27s、2s 和 98s，因此将工序 P1 的 token M_time 中的 st 设置为 125，txt 设置为 2。工件所用毛坯为中心带圆孔的棒料，材料为 6061 铝合金。加工机床为 C2-6136HK 型数控车床，其冷却系统、换刀系统及风扇伺服系统的功率分别为 50W、90W 及 250W。基于实验的方法确定式（3-56）、式（3-57）、式（3-58）中的系数的步骤，在文献中已有详细的描述，本节按其方法取得的结果见表 3-28。

利用各加工工序 token M 驱动工件机械加工过程 HOONet 模型，得到盘类工件机械加工能耗预测值为 484.02W·h，工件机械加工总耗时 762.5s，并使用 HIOKI3390 功率分析仪对工件机械加工过程能耗进行检测，所得结果如图 3-66 所示。

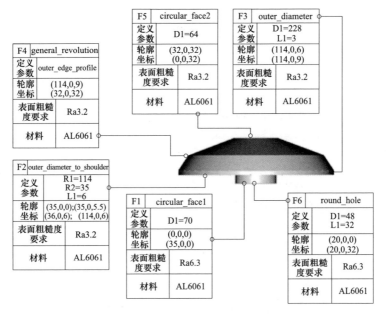

图 3-63　盘类工件特征字典

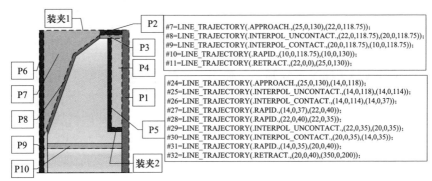

图 3-64　盘类工件工艺规划及刀具路径生成结果

```
TT M=record with
{ TT M_feature=record with{
    mn=circular_face1;
    fm=AL6061;
    mp=0; }
  TT M_tool=1;
  TT M_function=1;
  TT M_clamping=1;
  TT M_parameters=record with{
    ap=1;  f=300;  vc=70; }
   TT M_toolpath=record with{
   tp_coor=array1;
   tp_type=array2; }
  TT M_time=record with{
   st=125;  ut=0;  txt=2; }
```

图 3-65　工序 P1 的 token M

表 3-27 工件工艺规划结果及工艺执行顺序

工序	特征	工序名称	$v_c/(\text{m/min})$	$f/(\text{mm/min})$	a_p/mm
P1	F1	粗加工 circular_face1	70	300	1
P2	F2	粗加工 outer_diameter	70	300	1
P3	F2	精加工 outer_diameter	100	180	0.25
P4	F3	粗加工 outer_diameter_to_shoulder	70	300	1
P5	F3	精加工 outer_diameter_to_shoulder	100	180	0.25
P6	F4	粗加工 circular_face2	70	300	1
P7	F5	粗加工 general_revolution	70	300	1
P8	F4	精加工 circular_face2	100	180	0.25
P9	F5	精加工 general_revolution	100	180	0.25
P10	F6	粗加工 round_hole	70	300	1

表 3-28 机床主轴、进给轴及材料移除功率计算系数

主轴			X 轴		Z 轴		刀具 1	刀具 2
C_1	C_2	C_3	k	b	k	b	λ	λ
0.00002	0.12426	90.115	0.119	−1.823	0.119	−1.823	1.06	0.98

盘类工件成品图如图 3-67 所示，使用表面粗糙度测量仪对工件各加工表面的表面粗糙度测量了三次并取平均值，测量结果与表面粗糙度要求之间的误差在 10% 以内，满足设计要求。从图 3-66 中可知，各加工特征的机加工能耗预测误差均在 9% 以内，对于此盘类工件机加工能耗估算的准确度为 93%。

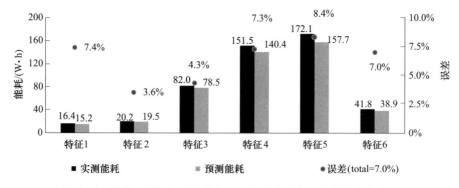

图 3-66 盘类工件各加工特征机加工能耗仿真值与监测值的比较图

图 3-67　盘类工件成品图

参 考 文 献

［1］陈蔚芳，王宏涛．机床数控技术及应用［M］．北京：科学出版社，2008.

［2］王浩．数控机床电气控制［M］．北京：清华大学出版社，2006.

［3］EIKELAND P O. The third internal energy market package：new power relations among member states，EU institutions and non-state actors？［J］. JCMS：Journal of Common Market Studies，2011，49（2）：243-263.

［4］NEUGEBAUER R，WABNER M，RENTZSCH H，et al. Structure principles of energy efficient machine tools［J］. CIRP Journal of Manufacturing Science and Technology，2011，4（2）：136-147.

［5］胡韶华．现代数控机床多源能耗特性研究［D］．重庆：重庆大学，2012.

［6］ISO. ISO/WD 14955-1 Environmental evaluation of machine tools：part 1　energy-saving design methodology for machine tools［S］. Geneva：International Organization for standardization，2014.

［7］刘英，袁绩乾．机械制造技术基础［M］．重庆：重庆大学出版社，2000.

［8］HESSELBACH J，HERRMANN C，DETZER R，et al. Energy efficiency through optimized co-ordination of production and technical building services［C］//CIRP International Conference on Life Cycle Engineering. Sydney：CIRP，2008：624-629.

［9］刘飞，徐宗俊，但斌．机械加工系统能量特性及其应用［M］．北京：机械工业出版社，1995.

［10］赵明生．机械工程手册．专用机械［M］．北京：机械工业出版社，1995.

［11］王侃夫．数控技术与系统［M］．北京：机械工业出版社，2000.

［12］HONG J E，BAE D H. Software modeling and analysis using a hierarchical object-oriented Petri net［J］. Information Sciences，2000，130（1）：133-164.

[13] LAKOS C A, KEEN C D. LOOPN++: A new language for object-oriented Petri nets [J]. Process Modeling and Simulation, 1994 (1): 1-15.

[14] LAKOS C A. The object orientation of object Petri nets [D]. Tasmanie: University of Tasmania, 1995.

[15] BIBERSTEIN O, BUCHS D. An object oriented specification language based on hierarchical algebraic petri nets [C]. [S. l.: s. n.], 1994.

[16] BIBERSTEIN O, BUCHS D, Guelfi N. Modeling of cooperative editors using COOPN/2 [C]. Osaka, Japan: Workshop on Object-Oriented Programming and Models of Concurrency, 1996.

[17] LEE Y K, PARK S J. OPNets: an object-oriented high-level Petri net model for real-time system modeling [J]. Journal of Systems and Software, 1993, 20 (1): 69-86.

[18] PERKUSICH A, DE FIGUEIREDO J C A. G-nets: A petri net based approach for logical and timing analysis of complex software systems [J]. Journal of systems and Software, 1997, 39 (1): 39-59.

[19] LEONESIO M, BIANCHI G, BORGIA S. A virtual components approach for energy consumption modeling in the machinery sector [C] // ASME 2012 11th Biennial Conference on Engineering Systems Design and Analysis. New York: ASME, 2012: 417-424.

[20] AVRAM O I, XIROUCHAKIS P. Evaluating the use phase energy requirements of a machine tool system [J]. Journal of Cleaner Production, 2011, 19 (6): 699-711.

[21] ARAMCHAROEN A, MATIVENGA P T. Critical factors in energy demand modelling for CNC milling and impact of toolpath strategy [J]. Journal of Cleaner Production, 2014, 78: 63-74.

[22] LIU F, XIE J, LIU S. A method for predicting the energy consumption of the main driving system of a machine tool in a machining process [J]. Journal of Cleaner Production, 2014 (9): 171-177.

[23] HE Y, LIU F, WU T, et al. Analysis and estimation of energy consumption for numerical control machining [J]. Proceedings of the Institution of Mechanical Engineers (Part B Journal of Engineering Manufacture), 2012, 226 (2): 255-266.

[24] GONTARZ A, ZÜST S, WEISS L, et al. Energetic machine tool modeling approach for energy consumption prediction [C]. Istanbul: 10th Global Conference on Sustainable Manufacturing 2012, 2012.

[25] NEUGEBAUER R, WABNER M, RENTZSCH H, et al. Structure principles of energy efficient machine tools [J]. CIRP Journal of Manufacturing Science and Technology, 2011, 4 (2): 136-147.

[26] International Standards Organization. Industrial automation systems and integration-Physical device control-Data model for computerized numerical controllers: Part 1 Overview and fundamental principles: ISO 14649-1 [S]. Geneva: International Organization for standardization, 2003.

[27] 董晓岚. STEP 标准在计算机辅助工程 CAx 中的应用 [J]. 现代机械, 2008 (1): 80-82.

[28] LOFFREDO A. Industrial automation systems and integration-product data representation and exchange：part 238 application protocols application interpreted model for computerized numerical controllers [J]. Working Draft, ISO/WD, 2002：10303.

[29] SRINIVASAN M, SHENG P. Feature-based process planning for environmentally conscious machining：Part 1 microplanning [J]. Robotics and Computer-Integrated Manufacturing, 1999, 15 (3)：257-270.

[30] ALTINTAS Y, MERDOL S D. Virtual high performance milling [J]. CIRP Annals-Manufacturing Technology, 2007, 56 (1)：81-84.

[31] GARA S, BOUZID W, AMAR M B, et al. Cost and time calculation in rough NC turning [J]. The International Journal of Advanced Manufacturing Technology, 2009, 40 (9/10)：971-981.

[32] 曾小伟，黄菲. Petri 网可视化工具的设计与实现 [J]. 华中科技大学学报（自然科学版），2002, 30 (6)：43-45.

[33] 罗雪山. 基于对象 Petri 网的离散事件系统建模仿真环境（OPMSE）[J]. 计算机仿真，2000, 17 (3)：42-44.

[34] 黄勇，张友良，汪惠芬，等. 基于广义随机 Petri 网的可视化建模与仿真工具 [J]. 计算机集成制造系统，2004, 10 (8)：892-897.

[35] KINDLER E, WEBER M. The petri net kernel an infrastructure for building petri net tools [J]. International Journal on Software Tools for Technology Transfer, 2001, 3 (4)：486-497.

[36] 陈江红，李宏光. 基于 Matlab 环境的 Petri 网的仿真方法 [J]. 微计算机信息，2004, 19 (12)：103-104.

[37] 陶继平，徐文艳，杨根科，等. 基于 Stateflow 的 Petri 网仿真方法 [J]. 计算机仿真，2007, 23 (12)：96-99.

[38] KALPAKJIAN S, SCHMID S R. Manufacturing engineering and technology [M]. 5th ed. Englewood Cliffs：Prentice Hall, 2005.

[39] LI W, KARA S. An empirical model for predicting energy consumption of manufacturing processes：a case of turning process [J]. Proceedings of the Institution of Mechanical Engineers (Part B Journal of Engineering Manufacture), 2011, 225 (9)：1636-1646.

[40] LI W. Efficiency of Manufacturing Processes [M]. Berlin：Springer, 2015.

[41] SREEJITH PS, NGOI BKA. Dry machining：machining of the future [J]. Journal of Materials Processing Technology, 2000, 101 (1)：287-291.

[42] OXLEY P. Development and application of a predictive machining theory [J]. Machining Science and Technology, 1998, 2 (2)：165-189.

[43] KARA S, LI W. Unit process energy consumption models for material removal processes [J]. CIRP Annals-Manufacturing Technology, 2011, 60 (1)：37-40.

[44] VERL A, ABELE E, HEISEL U, et al. Modular modeling of energy consumption for monitoring and control [C] // Glocalized Solutions for Sustainability in Manufacturing. Berlin：Springer, 2011：341-346.

［45］ WANG J, LI S, LIU J. A multi-granularity model for energy consumption simulation and control of discrete manufacturing system ［C］. The 19th International Conference on Industrial Engineering and Engineering Management. Berlin：Springer, 2013：1055-1064.

［46］ NAGAWAKI T, HIROGAKI T, AOYAMA E, et al. Application of idling stop technology for servo motors in machine tool operations to reduce electric power consumption ［J］. Advanced Materials Research, 2014, 939：169-176.

［47］ EBERSPÄCHERA P, VERLA A. Realizing energy reduction of machine tools through a control-integrated consumption graph-based optimization method ［J］. Procedia CIRP, 2013, 7：640-645.

［48］ 施金良, 刘飞, 许弟建, 等. 数控机床空载运行时节能决策模型及实用方法 ［J］. 中国机械工程, 2009 (11)：1344-1346.

［49］ MOUZON G, TWOMEY M B Y J. Operational methods for minimization of energy consumption of manufacturing equipment ［J］. International Journal of Production Research, 2010, 45 (18)：4247-4271.

［50］ VERL A, ABELE E, HEISEL U, et al. Modular modeling of energy consumption for monitoring and control ［C］// Glocalized Solutions for Sustainability in Manufacturing. Berlin：Springer, 2011：341-346.

［51］ 李育锋. 机械加工车间多能耗特征建模及任务节能优化配置方法研究 ［D］. 重庆：重庆大学, 2015.

［52］ 吕景祥. 面向低碳制造的数控机床能量供给建模研究 ［D］. 杭州：浙江大学, 2014.

［53］ 王泓晖, 张承瑞, 刘日良. 基于STEP-NC的数控加工能耗估算方法 ［J］. 计算机集成制造系统, 2017, 23 (3)：498-506.

［54］ LI Y, WANG Y, HE Y, et al. Modeling method for flexible energy behaviors in CNC machining systems ［J］. Chinese Journal of Mechanical Engineering, 2018, 31 (1)：6.

［55］ GRZEGORZEWSKI P. The inclusion-exclusion principle for if-events ［J］. Information Sciences, 2011, 181 (3)：536-546.

第 4 章

———

机械加工车间能耗评估

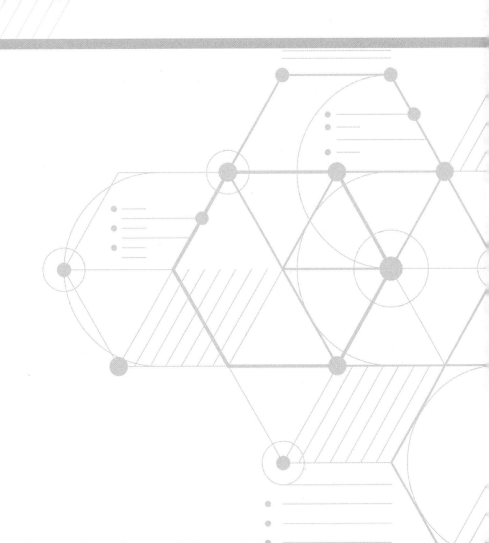

机械加工车间生产过程是一种以机床为主体，将物料资源转化为产品或半成品，并产生大量能量消耗的制造系统。量大面广的机械加工车间能耗总量巨大且能量利用率低下，机械加工车间的节能问题不容忽视。机械加工车间的能量消耗不仅包含了去除材料过程机床设备消耗的能量，还包含了加工相关的外围设备如机床的辅助设备等消耗的能量以及生产相关的设备如物料运输设备等消耗的能量。机械加工车间的能耗过程具有涉及的能耗环节多、动态变化大、能耗规律复杂三大特点。

1) 涉及的能耗环节多：对于机械加工车间而言，有各式各样的机床、供应系统、物料运输等，它们都会消耗能量；而且对于具体机床，又有不同的耗能部件消耗能量。

2) 动态变化大：机械加工车间的能耗并不是一成不变的，会随着生产过程的变化而发生动态的变化；因此动态变化大是能耗的一个重要特点。

3) 能耗规律复杂：对机械加工车间而言，不同的能耗环节在不同的生产状况下，会呈现出不同的能耗规律。

因此，机械加工车间的能量消耗是一个十分复杂的过程，受生产要素、加工任务以及加工装备等多要素影响，蕴含着各种动态多变的能耗特征及规律。为此，本章采用系统工程方法对机械加工车间能耗进行评估，全面、系统地揭示和描述机械加工车间复杂能耗环节及其能耗规律。

4.1　机械加工车间能量流分析

结合机械加工车间能耗的特点，将机械加工车间的能耗过程分为三个层次来分析，分别是机床设备层、任务流程层和辅助生产层，并从这三个层次分别对机械加工车间的能量流进行分析，如图4-1所示。其中机床设备层和任务流程层能量流分析的能耗主要是机械加工车间的基础性能耗；而辅助生产层能量流分析的能耗主要是机械加工车间的辅助性能耗。由机械加工车间的基础性能耗和辅助性能耗组成了机械加工生产过程的总能耗。

4.1.1　机床设备层能量流分析

机床设备是机械加工车间的重要组成部分，需要消耗大量能量来完成生产任务的加工。机床设备层的能量流分析主要面向机床设备各耗能部件，分析机床设备各耗能部件的能耗特征。虽然不同机床设备具有不同的加工能力，但根据机床设备的各耗能部件消耗的功率特征，大致可以将机床设备的各耗能部件的能耗分为固定能耗、变化能耗和去除材料的切削能耗（图4-2）。机床辅助部件如风扇电机、伺服系统和冷却泵等在机床设备加工过程消耗的功率是固定不

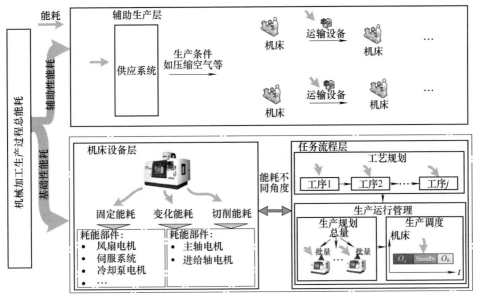

图 4-1　机械加工车间能量流的分层描述

变的，与材料去除过程是无关的，因此将这些耗能部件的能耗称为固定能耗。而主轴电机和进给轴电机消耗的能量则包括了变化能耗和切削能耗。主轴和进给轴在机床设备加工过程中常常需要在不同的运行速度下运动，而维持其在不同的运行速度下运动需要消耗的功率是不同的，但是在给定运行速度下该耗能部件的功率是不变的。如重庆大学刘飞所在的研究团队的研究表明，在加工状态，给定机床的主轴转速，那么主轴电机的功率为一个常数。因此将维持主轴和进给轴的运

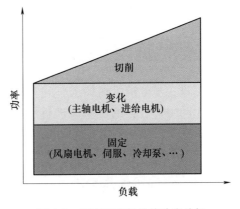

图 4-2　机床耗能部件的功率分解

行的这部分能耗称为变化能耗。而切削能耗部分则是用于去除工件多余的材料消耗的能耗，而且与切削负载相关。

4.1.2　任务流程层能量流分析

任务流程层的能量流分析主要分析伴随着生产任务流的能耗特征（生产任务执行中的能耗特征）。与机床设备层能量流分析相比，任务流程层的能量流分析可以分析任务加工过程中能量是怎么消耗的以及是如何分布等。任务流程层

能量流分析的能耗主要分为生产加工时段内的能耗和非生产时段内的能耗。生产加工时段内的能耗主要与任务的工艺路线、加工参数等加工工艺要素相关，该能耗可通过适当的工艺规划进行优化。而非生产时段内的能耗主要受生产运作中的生产管理要素影响，例如生产批量规划、加工任务的机床选择和加工任务的调度。

由于加工任务的生产过程包括多道工序，因此分析加工任务的每道工序的能耗可以提供加工任务生产过程的详细的能耗信息，从而发现一些可以通过加工任务的工艺规划或生产运作管理的优化来实现机械加工车间的节能潜力。

4.1.3 辅助生产层能量流分析

在辅助生产层中，重点关注与生产相关的生产辅助系统产生的能耗特征，辅助生产层能量流分析主要分析物料搬运设备和外围设备的能量消耗。在机械加工车间中，物料搬运设备将加工工件从一台机床设备搬运到下一台机床设备上，在这过程中物料搬运设备会消耗一定的能量。而在生产过程中，需要照明、压缩空气、切削液等来辅助生产，这些则都由机械加工车间的外围设备（如照明装置、空气压缩机和中央冷却润滑供给系统等）提供。这些外围设备在提供机械加工车间所需的环境时也需要消耗一定的能量。

4.2 机械加工车间能耗层次化建模评估方法

为了进一步分析机械加工车间整体的能量流，分别从空间维和时间维对机械加工车间生产过程的能量流进行层次化建模评估。空间维能耗模型主要用于量化分析空间分布的各耗能部件的能耗特征；时间维能耗模型主要用于量化分析机械加工车间的能耗随时间变化的特征。

4.2.1 空间维能耗模型

空间维能耗模型可以定量地分析各耗能部件的能耗特征。本章所指的"耗能部件"是指分布在机械加工车间中的各耗能单元，包括主要耗能部件（如机床设备层的各耗能部件）和次要耗能部件（如辅助生产层中的空气压缩机）。各耗能部件的能耗特征很大程度上依赖于耗能部件的运行状态。因此，根据各耗能部件在不同运行状态下的功率特征，一般可以采用0—1分布基本模型、离散分布基本模型和连续分布基本模型等三类基础模型对不同耗能部件在不同运行状态下的能耗进行评估。

1.0—1分布基本模型

在这类基础模型中，耗能部件的功率特征一般只需要在两种运行状态下进行分析：开机状态和关机状态。当这类耗能部件处于开机状态时，其功率为一个固定值；而当该耗能部件处于关机状态时，其功率则为零。这种规律正好符合 0—1 分布函数的特征。因此，这类耗能部件的能耗可以定义为

$$E_r = P_{con}^r t_{act} \tag{4-1}$$

式中，E_r 是第 r 个耗能部件的能耗；t_{act} 是该耗能部件处于开机状态的持续时间。

符合 0—1 分布的功率特征的耗能部件包括风扇电机、冷却泵和某些次要耗能部件。例如，在机床待机和加工的状态下，液压泵的功率保持为固定值，当机床松开卡盘后其功率则变为零。

▶▶ 2. 离散分布基本模型

这类基础模型中的耗能部件在某一个具体运行状态持续时间内的功率为一个固定值；而当运行状态改变时，其功率可能变为另一个固定值。这种规律正好符合离散分布函数的特征。因此，这些耗能部件可能拥有一系列离散的功率值。这类耗能部件的能耗可以表达为

$$E_r = \sum_v P_r^v t_r^v \tag{4-2}$$

式中，P_r^v 是第 r 个耗能部件在第 v 个运行状态下的功率；t_r^v 是第 r 个耗能部件在第 v 个运行状态下的持续时间。

这类基础模型中分析的耗能部件的典型例子就是主轴电机。主轴电机在空载状态的功率特征符合离散分布特点。主轴电机在空载状态下一般具有多个不同的转速。当主轴电机处于某个具体的空载状态时，需要消耗一定功率来维持主轴的基本运行，其功率值是一个固定值；而当主轴电机切换到另一个空载状态时（主轴转速变化），其功率也随之变化到另一个固定值。因此，主轴电机在空载状态下的能耗可以用式（4-2）进行评估，而且主轴电机的功率 P_r^v 也可以通过简单实验获取。

▶▶ 3. 连续分布基本模型

这类基础模型中的耗能部件包括主轴电机和进给轴电机，这些耗能部件的功率在加工任务的材料去除过程中是连续变化的。这类能耗特征是受加工任务的加工参数（如工艺参数、任务分配）动态影响的，因此这类能耗特征是最复杂的。符合连续分布特征的耗能部件的能耗可以表达为

$$E_r = \int P_r(t) \, dt \tag{4-3}$$

式中，$P_r(t)$ 是第 r 个耗能部件在 t 时刻的功率，该功率包括切削功率和用于维持第 r 个耗能部件运行的功率。值得注意的是，式（4-2）离散分布基本模型和式（4-3）连续分布基本模型可以用来分析相同耗能部件的功率特征，如主轴电机。两者之间的区别在于，前者用来分析该耗能部件在空载状态下的功率特征，

后者用来分析该耗能部件在材料去除运行状态下的功率特征。

综上所述，由于耗能部件的能耗特征依赖于运行过程中的功率特征，因此可以通过分析耗能部件在不同运行状态下的功率变化规律来决定采用哪种基本模型对耗能部件的能耗进行建模。如果耗能部件在整个运行过程中功率都保持为常数，则采用0—1分布基本模型对这类耗能部件进行建模；如果耗能部件在某一运行状态内的功率保持不变，当运行状态变化时，功率变为另一常数，则宜采用离散分布基本模型对这类部件进行建模；如果耗能部件在运行过程中的功率连续变化且变化规律符合连续分布特征，则采用连续分布基本模型对这类部件进行建模。这些功率变化特征可通过简单的功率测量或者由耗能部件的工作原理得到。

基于上述三类基本模型，对耗能部件的能耗建模的一般流程如图4-3所示。该流程在识别该耗能部件的运行状态的基础上，根据能量流在不同状态下的功率特征，采用相应的基本模型对该耗能部件在各运行状态的能耗特征进行分析和建模。如在识别的运行状态1中，该耗能部件的功率特征符合离散分布的特征，则采用离散分布基本模型对该耗能部件在运行状态1中的能耗进行建模；而在识别的运行状态2中，该耗能部件的功率特征符合连续分布的特征，则采用连续分布基本模型对该耗能部件在运行状态1中的能耗进行建模。以此类推，就可以对该耗能部件在各运行状态的能耗特征进行分析和建模。

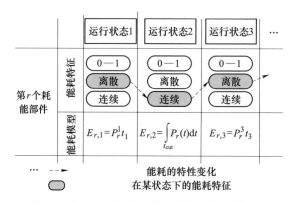

图4-3 机床设备某个耗能部件的能耗建模流程

4.2.2 时间维能耗模型

时间维能耗模型量化分析了机械加工车间的能耗随时间变化的特征。在时间维中，当加工任务发生变化（如加入新任务或完成任务的加工）时，能耗将发生变化。因此在时间维中分析机械加工车间的能耗特征时，需要定义一个时间边界。本章以一个生产周期即在若干机床上完成一批生产任务加工的完成时间为时间边界，如图 4-4 所示。

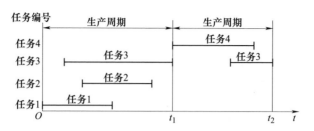

图 4-4　机械加工车间中生产周期举例

对于每一个生产周期，一般可通过整个机床加工过程的变化功率对时间的积分来对机械加工车间的能耗进行建模，该能耗由加工任务的动态多变生产过程决定。在机械加工车间中，一个生产周期的能耗可以划分为两部分：用于任务加工的能耗和用于辅助生产的能耗。其中，用于任务加工的能耗为任务流程层分析的机械加工车间的基本能耗，而用于辅助生产的能耗为生产辅助系统（如运输设备和外围设备）消耗的能耗。因此，时间维能耗模型可以表示为

$$E_w = \int_0^{T_w} P_w(t)\,\mathrm{d}t = \sum_i \sum_j \int_{t_{ij}} P_{ij}^{\mathrm{ma}}\,\mathrm{d}t + \sum_o \int_{T_w} P_o^{\mathrm{peri}}\,\mathrm{d}t + \sum_i \int_{T_w} n_i P_i^{\mathrm{tran}}\,\mathrm{d}t \qquad (4\text{-}4)$$

式中，E_w 是机械加工车间在第 w 个生产周期的能耗；P_w 是机械加工车间在第 w 个生产周期中变化的功率；T_w 是第 w 个生产周期的持续时间；P_{ij}^{ma} 是任务 i 的第 j 道工序的功率；t_{ij} 是任务 i 的第 j 道工序的加工时间；P_o^{peri} 是第 o 个外围设备的功率；P_i^{tran} 是辅助生产过程中运输任务 i 所消耗的功率；n_i 是任务的运输次数。

以加工三个任务的某机械加工车间为例，在一个生产周期内机械加工车间的功率变化如图 4-5 所示。在 t_1 时刻，机械加工车间的功率由机床设备加工任务 1 和任务 3 的功率、运输设备运输任务 2 消耗的功率以及空气压缩机消耗的功率组成；在 t_2 时刻，机械加工车间的功率由机床设备加工任务 2 和任务 3 的功率、运输设备运输任务 1 消耗的功率以及空气压缩机消耗的功率组成。由此可见，机械加工车间的功率是随着加工任务的生产过程的变化而发生变化的。

如果任务 1 与任务 3 的加工时间不同，如在 t_2 时刻，任务 1 的工序 O_{11} 已完成加工并运输到下一台机床，而此时任务 3 的工序 O_{31} 还没有完成加工。那么机械加工车间的功率就会从 $P(t_1)$ 变为 $P(t_2)$。其中，$P(t_1)$ 包含任务 1 的工序 O_{11} 和任务 3 的工序 O_{31} 的加工功率，而 $P(t_2)$ 只包含任务 3 的工序 O_{31} 的加工功率，不包含任务 1 的 O_{11} 的加工功率。

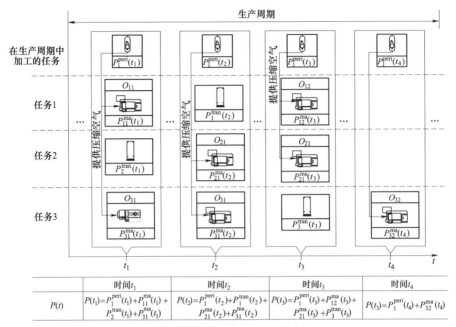

图 4-5　某机械加工车间的功率分解

4.3　机械加工车间能耗对象化建模评估方法

机械加工车间生产环境常因机床设备和加工工件的变化而发生变化，如机床设备添置、新工件到达、工件的工艺路线或工艺参数的变动等都会引起机械加工车间生产环境的变化。针对机械加工车间动态环境下能耗特征建模中的多要素影响和生产环境动态变化等问题，开展了机械加工车间能耗对象化建模评估方法，为机械加工车间节能运行提供基础理论支持。针对机械加工车间能耗由加工任务驱动的特点，提出了一种基于任务流的机械加工车间能耗评估方法；针对机械加工车间动态环境下能耗特征建模中的多要素影响和生产环境动态变化等问题，提出了一种基于动态环境的机械加工车间能耗评估方法。

4.3.1　基于任务流的机械加工车间能耗评估方法

1. 机械加工车间任务流驱动的能耗特征分析

机械加工车间的任务流是指制造系统中利用机床将毛坯加工成零件的一系

列生产过程，在生产过程当中，机床也会产生能量消耗。因此，机械加工车间的能耗在很大程度上取决于生产过程中的任务流。

在机械加工制造系统中，可以选择不同的工艺规划和资源来完成生产任务。因此，生产过程中的任务流始终是灵活的。任务流的灵活性对机械加工车间的能耗有很大的影响。如图 4-6 所示，两种不同生产方案下的任务对能耗有不同的影响。方案 1 的任务流是从机床 $1M_1$ 到机床 $5M_5$，而方案 2 的任务流是经过机床 $1M_1$、机床 $2M_2$ 到机床 $5M_5$。显然，加工相同任务所需的总能耗因任务流的不同而不同。

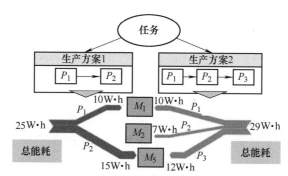

图 4-6 不同生产方案的能耗分析

此外，任务流的可变性是动态生产过程的重要特征，体现在新任务输入或任务完成。因此，这也导致了生产周期能耗的变化，如图 4-7 所示。图中上方的

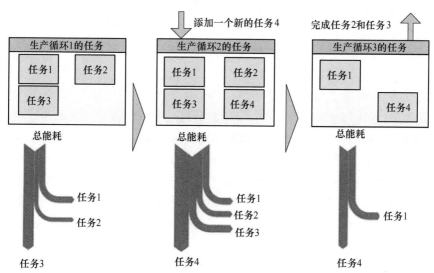

图 4-7 生产过程能耗受任务流变化的影响

三个矩形框描述了不同生产周期中的可变任务流。在第一个生产周期中，需要执行任务 1、2 和 3。通过一个时间间隔，一个新的任务 4 被添加到生产周期 2 中。随着时间间隔的增加，任务流会随着生产周期 3 中任务 2 和任务 3 的完成而变化。能耗情况如图 4-7 底部所示，在生产周期 2 中，总能耗会随着在任务流中添加一个新任务 4 而增加；同样，任务流随着任务的完成而变化，总能耗也随之降低。

由于生产过程中的能耗随任务流的动态变化而变化，因此可以将其理解为由任务流状态变化触发的一组离散事件。因此，可以采用离散事件动态模型来描述任务流驱动的能耗。本节利用事件图建模方法，研究加工制造系统中任务流程变化引起的动态能耗。

1983 年 Lee Schruben 首先提出了事件图（Event Graph，EG）的建模方法，事件图是一种面向事件的图形化的离散事件仿真建模方法，同时，事件图也是图形化建立事件逻辑的唯一方法，其具有简单、可拓展的特性，并且没有概念限制，可以在任何情况下基于事件快速构造生成仿真模型。因此，事件图可以用于各种实际的仿真建模工作，能够非常形象地表达清楚事件之间的逻辑，便于理解和接受。

事件图主要用事件、事件发生的条件、时间以及系统状态等要素来表示系统中的实体及其行为属性等，通过事件之间的触发关系来表示系统的运行过程。因此，利用事件图建立的仿真模型一般包括两类元素：一类是反映系统的基本事件；另一类是反映系统状态的各种变量和参数。可传递参数的事件图的基本结构如图 4-8 所示。

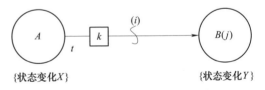

图 4-8　事件图基本结构

机械加工车间设备多、耗能部件多、加工方式不同、工艺参数各异、产品种类多、存在大量不确定性事件等，使得机械加工车间能量消耗过程十分复杂。实际上，机械加工车间能量消耗的实质是通过生产设备消耗能量完成对生产任务的加工。因此，笔者提出一种面向任务的机械加工车间的能量消耗建模方法，该方法以离散事件建模方法——Event Graph 为建模工具，考虑了柔性机械加工车间的工艺柔性和动态特性，且能够反映系统的状态变化过程和动态行为。所建立的机械加工车间能耗模型如图 4-9 所示。

该模型定义参数如下：

工件集合：$J = \{j\}$

工件 j 的任务集合：$A_j = \{a_{jo}\}$

工件 j 的传递参数：$O_j = \{l_j, n_j, m\}$；l_j 表示工件 j 的任务数目；n_j 表示工件 j

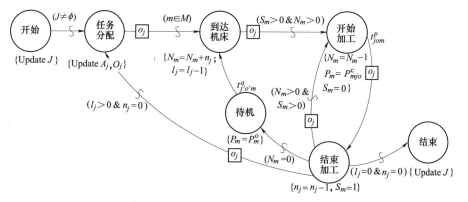

图 4-9 基于任务流的机械加工车间能耗模型

的批量；m 表示机床索引

满足加工任务 a_{jo} 要求的机床集合：M

在机床 m 上等待加工的任务数目：N_m

机床状态：S_m，$S_m = 1$ 表示机床处于空闲状态，$S_m = 0$ 表示机床处于加工状态

任务 a_{jo} 在机床 m 上的加工时间：$t_{jom}^p(\mathrm{s})$

机床 m 等待下一加工任务的时间间隔：$t_{j'o'm}^a(\mathrm{s})$（$a_{j'o'}$ 表示任务 a_{jo} 在机床 m 上的下一个加工任务）

机床 m 的计算功率：$P_m(\mathrm{W})$

机床 m 的待机功率：$P_m^o(\mathrm{W})$

机床 m 加工任务 a_{jo} 的切削功率：$P_{mjo}^c(\mathrm{W})$

模型各个节点详细的描述见表 4-1。

表 4-1 基于任务流的能耗事件图模型描述

事件（节点）	描述	状态变化	触发条件或活动
开始	新工件到达	更新工件集合 J	
任务分配	等待分配任务	更新任务集合 A_j 以及在集合 O_j 中的参数 l_j，n_j，m	任务集合 $J \neq \varnothing$；或任务数量 $l_j > 0$ 且批量数目 $n_j = 0$（集合 O_j 作为传递参数）
到达机床	准备加工分配的任务	在机床 m 上加工的任务数目增加 $n_j(N_m = N_m + n_j)$；工件 j 的加工任务数目减 1（$l_j = l_j - 1$）	机床 m 满足工件 j 的任务 a_{jo} 的工艺要求（$m \in M$）
开始加工	开始加工任务	机床 m 上加工任务减 1（$N_m = N_m - 1$）设置机床计算功率 P_m 等于 $P_{mjo}^c(P_m = P_{mjo}^c)$ 设置 S_m 为 0	机床上的加工任务数目 $N_m > 0$ 且机床处于空闲状态（$S_m > 0$）

（续）

事件（节点）	描述	状态变化	触发条件或活动
结束加工	完成加工任务	任务集合数量减 $1(n_i = n_j - 1)$；设置机床 m 的状态为空闲 $(S_m = 1)$	经过加工时刻 t_{jo}^p
待机	机床 m 处于空闲，等待加工任务	设置 P_m 等于 $P_m^o(P_m = P_m^o)$	机床等待加工任务数 $N_m = 0$
结束	工件 j 加工完成	更新工件集合 J	工件 j 的任务数目 $l_j = 0$ 且其加工批量 $n_j = 0$

如图 4-9 所示，在开始事件，更新任务集合。进入分配事件后，按照工艺要求，任务被分配到指定机床上。到达机床后，即可对于机床状态进行判定，若机床处于空闲状态，则任务可以开始加工；若机床处于繁忙状态，则任务处于等待。机床开始加工任务时，机床功率为加工功率，直到机床把等待该机床加工的所有任务加工完成，再判断机床是否还有后续任务需要使用，如果有，则机床进入待机状态，机床功率为待机功率；否则，机床关机，不再消耗能量。因此，由上述逻辑，可获取每台机床加工时间段和待机时间段以及对应功率信息，从而获取任务加工完成的加工能耗和加工时间。

▷▷ 2. 基于任务流的机械加工车间能耗案例分析

基于任务流的机械加工车间能耗模型对某机械加工车间柔性工艺进行分析和选择，为生产过程的节能优化和生产效率的优化决策提供了依据。该加工方案案例由三个具有备选工艺方案的任务组成，每个任务所需的数量如图 4-10 所示。任务 1 和任务 3 分别有三种可选工艺方案，任务 2 有两种可选工艺方案。有 7 台机床用于加工工件，空载功率见表 4-2。表 4-3 和表 4-4 分别列出了这三个任务中每个子任务的能耗和加工时间。

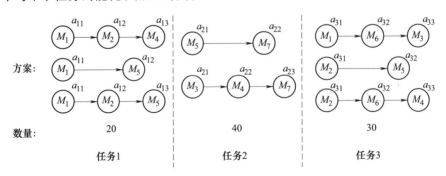

图 4-10　三个任务的可选工艺方案

表 4-2　机床的空载功率

机床编号	M_1	M_2	M_3	M_4	M_5	M_6	M_7
空载功率/W	220	200	360	400	300	180	330

表 4-3　可选工艺方案的能耗信息　　（单位：10^{-3} kW·h）

可选工艺方案	任务1								任务2					任务3							
	方案1			方案2		方案3			方案1		方案2			方案1			方案2		方案3		
	a_{11}	a_{12}	a_{13}	a_{11}	a_{12}	a_{11}	a_{12}	a_{13}	a_{21}	a_{22}	a_{21}	a_{22}	a_{23}	a_{31}	a_{32}	a_{33}	a_{31}	a_{32}	a_{31}	a_{32}	a_{33}
M_1	15	—	—	15	—	15	—	—	—	—	—	—	—	6	—	—	—	—	—	—	—
M_2	—	13	—	—	—	—	13	—	—	—	—	—	—	—	—	—	7	—	7	—	—
M_3	—	—	—	—	—	—	—	—	—	—	13	—	—	—	7	—	—	—	—	—	—
M_4	—	—	5	—	—	—	—	—	—	—	—	17	—	—	—	—	—	—	—	—	8
M_5	—	—	—	—	15	—	—	4	27	—	—	—	—	—	—	—	—	23	—	—	—
M_6	—	—	—	—	—	—	—	—	—	—	—	—	—	—	—	20	—	—	—	20	—
M_7	—	—	—	—	—	—	—	—	—	9	—	—	9	—	—	—	—	—	—	—	—

表 4-4　可选工艺方案的加工时间信息　　（单位：s）

可选工艺方案	任务1								任务2					任务3							
	方案1			方案2		方案3			方案1		方案2			方案1			方案2		方案3		
	a_{11}	a_{12}	a_{13}	a_{11}	a_{12}	a_{11}	a_{12}	a_{13}	a_{21}	a_{22}	a_{21}	a_{22}	a_{23}	a_{31}	a_{32}	a_{33}	a_{31}	a_{32}	a_{31}	a_{32}	a_{33}
M_1	29	—	—	29	—	29	—	—	—	—	—	—	—	18	—	—	—	—	—	—	—
M_2	—	25	—	—	—	—	25	—	—	—	—	—	—	—	—	—	18	—	18	—	—
M_3	—	—	—	—	—	—	—	—	—	—	9	—	—	—	15	—	—	—	—	—	—
M_4	—	—	20	—	—	—	—	—	—	—	—	10	—	—	—	—	—	—	—	—	15
M_5	—	—	—	—	41	—	—	20	17	—	—	—	—	—	—	—	—	59	—	—	—
M_6	—	—	—	—	—	—	—	—	—	—	—	—	—	—	—	45	—	—	—	45	—
M_7	—	—	—	—	—	—	—	—	—	5	—	—	5	—	—	—	—	—	—	—	—

利用 MATLAB 中的 Simulink 工具对所提出的事件图能耗模型进行了仿真。假设该批任务的调度规则为先到先服务,则一共可以得到 18 个可选择的备选加工场景（s1~s18）,每个加工场景的能耗和完工时间的结果如图 4-11 所示。

机械加工车间任务的总能耗从 2.94kW·h（加工场景 8）到 3.75kW·h（加工场景 4）不等,变化幅度约为 27.6%。这表明,对于相同的加工任务,采用不同的加工场景可以显著节约能源。但是,加工场景 8 的完工时间为 56.13min,比最小完工时间（加工场景 10）39.57min 高 29.5%,说明能源优化

143

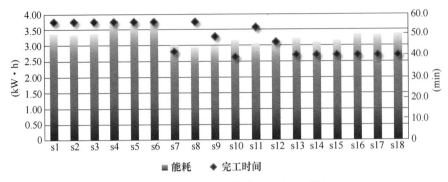

图 4-11　各加工场景的能耗和完工时间

与生产率之间存在权衡。此外，结果还表明，虽然加工场景 1～加工场景 6 的完工时间相同，但是相对于加工场景 4，如果选择加工场景 2 的工艺规划方案，仍然可以实现 12.7% 的节能。

案例中，加工场景 8 得到了最小能耗和最大完工时间。加工场景 8 中每台机床的具体能耗和完工时间如图 4-12 所示。可以观察到，在机床 5 上分配更多的任务可以消耗更少的能量。但是，每台机床也存在明显的负载不平衡，导致了最大完工时间。

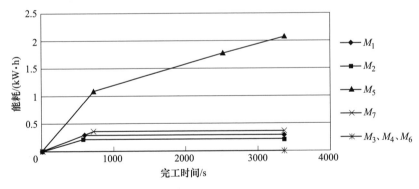

图 4-12　加工场景 8 的能耗和完工时间

对最小能耗（加工场景 8）、最小完工时间（加工场景 10）以及权衡能耗和完工时间（加工场景 14）三个加工场景的结果进行比较，如图 4-13 所示。可以看出，对于相同的任务，不同的加工场景的能耗存在着明显的差异。对于任务 1 和任务 2，加工场景 8 和加工场景 14 的能耗相同，分别比加工场景 10 节能 16% 和 8.3%。对于任务 3，加工场景 8 和加工场景 10 比加工场景 14 节能 16.7%。如果加工场景 8 的完工时间 56.13min 可以被接受，那么可以通过选择加工场景 8 获得最小加工能耗。另一方面，如果考虑能耗和完工时间的权衡，加工场景

14 是处理加工任务的适当方案。通过以上仿真分析，管理者可以对加工任务的柔性工艺方案进行最优决策，以满足实际生产需求。

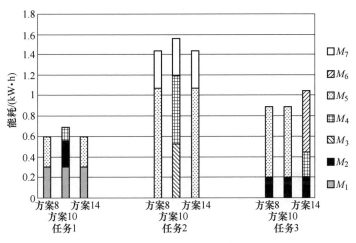

图 4-13　三个加工场景能耗比较

4.3.2　基于动态环境的机械加工车间能耗评估方法

1. 机械加工车间动态环境下的多能耗特征分析

在动态多变的机械加工车间的生产过程中，机械加工车间的能耗蕴含了复杂多变的特征，不仅与机床和工件的技术参数有关，还受不同的加工场景影响。例如，不同工艺路线及工艺参数会产生不同的能耗特征；不同生产计划和加工批量会影响机械加工车间的能耗过程；甚至具有相同功能的不同机床也会使得机械加工车间产生不同的能耗特征。为了能够提供一种从系统层面对机械加工车间能耗的透明化分析，需要从多个角度对机械加工车间的能耗特征进行分析。

目前对机械加工车间的复杂能耗特征分类的研究并没有一个统一的说法，但是对机械加工车间的能耗研究主要从机床设备、加工工件和生产运作三个方面进行。基于上述研究，为了能够高效地支持不同的生产人员和管理人员进行能耗分析，在 4.1 节对机械加工车间能量流分析的基础上将机械加工车间能耗特征分为四种能耗特征，分别是结构性能耗特征、工艺性能耗特征、匹配性能耗特征和状态性能耗特征。其中，结构性能耗特征和工艺性能耗特征也是从机床设备和加工工件的角度对机械加工车间的复杂能耗特征进行的分析，分析结果可以支持设计人员、维修人员和工艺设计人员制定节能策略；匹配性能耗特征和状态性能耗特征则是从生产运行的角度进行分析，分析结果可以支持生产管理人员制定节能策略。

（1）结构性能耗特征

在机械加工车间中，对于不同材料，去除单位面积消耗的切削能量是不同的，因此工件材料的选择会对加工工件的切削能耗产生影响。由 4.1.1 节机床设备层的能量流分析可知，机床设备的能耗由机床设备各耗能部件的能量消耗组成，机床设备各耗能部件技术参数如额定功率、传动方式等的选择会影响机床设备的能耗。德国达姆施塔特工业大学研究团队针对机床主轴单元的能耗特征进行研究，为了挖掘提高机床能量效率的潜力，设计一个配备自适应的电力传动的节能主轴单元来提高机床的能量效率。

因此，结构性能耗特征主要用于分析这种与加工设备和加工工件的固有结构（如加工设备耗能部件、加工工件材料等）相关的能耗特征。这些能耗特征主要取决于加工设备和加工工件的技术参数设计，可以为设计人员、维修人员提供机床结构和工件材料相关的能耗信息。

（2）工艺性能耗特征

在机械加工车间中，对于给定的工件，不同的工艺方案可以导致不同的能耗特征。如不同的工艺路线及工艺参数会产生不同的能耗特征。罗马尼亚布加勒斯特理工大学研究团队用两组不同的工艺参数在 FV-32 铣床上铣相同体积（60m^3）铝合金。结果表明，两组不同的工艺参数加工的能耗差别有 137316.3kW·h。

因此，工艺性能耗特征主要用于分析这种与工艺路线、工艺参数等相关的能耗特征，可以为工艺人员提供在制定节能工艺方案时需要与加工工艺（如工艺参数、加工路线等）等参数影响的能耗信息。

（3）匹配性能耗特征

美国麻省理工学院 Gutowski 教授的研究表明，四台不同铣床上加工相同钢材料（图 4-14），切削比能最高的高达 60kJ/cm^3，最低的为 10kJ/cm^3。重庆大学研究团队对 C2-6136HK 车床和 C2-6136HK/1 车床加工同一棒料进行实际测量

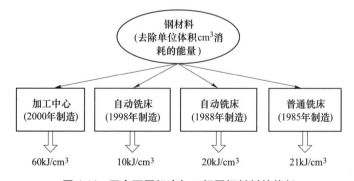

图 4-14 四台不同机床加工相同钢材料的能耗

结果表明：相对于在 C2-6136HK/1 车床加工该棒料而言，选择在 C2-6136HK 车床加工可以节约 11.8kW·h 的能量。

由此可见，在机械加工车间中，对于同一加工任务而言，在满足加工工艺需求的前提下，由不同的机床进行加工产生的能耗也不同。匹配性能耗特征就是用于描述这种能耗特征。可以为生产管理人员提供加工任务的匹配相关的能耗信息。

（4）状态性能耗特征

在机械加工车间，不同的生产任务的种类、加工批量及生产计划等会影响机械加工车间的能耗过程。Herrmann 教授仿真了两条生产汽车的内齿轮的生产线，用于分析生产批量对能耗特征的影响。仿真结果表明，用生产批量为 100 和 25 进行生产，加工相同数量的工件存在 24.29kW·h 的能耗差异。

因此，状态性能耗特征用于分析与机械加工车间生产运行状态相关的能耗特征，如生产任务的种类、批量及生产计划相关等能耗特征，可以为生产管理人员提供生产运行过程受生产计划等生产要素影响的能耗信息。

▶ 2. 机械加工车间多能耗特征的 CTOPN 模型

Petri 网的优点主要表现在事件驱动、图形表示和数学分析等方面。基本 Petri 网存在节点多、不能描述实践性活动、缺乏控制机制等缺点。赋时 Petri 网（TPN）增加变迁的时间延迟，可以用于系统实践量的分析。着色 Petri 网（CPN）赋予 token 颜色，可以减少节点数，简化系统模型。CPN 中的着色 token 以及 TPN 中的时间特征均为面向对象中的属性，概念相近，可以将面向对象的属性概念嵌入到 Petri 网中，形成着色赋时面向对象 Petri 网（CTOPN）。CTOPN 集成了面向对象方法和 Petri 网的优点，不仅可以降低 Petri 网模型的规模，具有良好的灵活性、直观性、模块性和可操作性，还能够很好地适应机械加工车间生产环境的变化。因此，采用 CTOPN 模型对机械加工车间动态环境下的多能耗进行建模。

（1）CTOPN 模型的基本定义

CTOPN 基于系统的静态组成及各组成部分的关系建模，动态特征有对象中 token 及其属性描述。从面向对象（OOM）的角度，机械加工车间可以看作由若干对象（如机床）构成的系统。每一对象（如加工中心）可以通过加工方法（如车削）及其属性或运行状态（如开始车削、车削中、结束车削）来表征的该对象的能耗行为。CTOPN 中各对象根据其输入信息进行相应的活动，对象之间的信息传递控制与协调着不同对象所进行的活动及其顺序。为了保持所建立的系统模型的模块化与可重复使用性，每一对象都应该界定为与其他对象的内部信息通信无关。此外，对象将其详细的活动及内部之间关系包裹起来，当人们关注整个系统的能耗行为时，只要关注对象与外界的信息传递接口以及不同对象接口之间的信息传递就可以；只有当需要观察对象的内部能耗行为时，才需要打开"包裹"，暴露其内部详细活动及其之间复杂的逻辑关系。

因此，CTOPN 应用了 OOM 的概念，将机械加工车间看作由一系列对象及对象之间的信息传递构成。本章中，将机械加工车间的 CTOPN 记为 S。

定义 1 CTOPN 的定义

$$S = (OPS,\ R,\ C,\ T,\ I,\ O,\ P) \tag{4-5}$$

其中，

i ——对象库所编号（m 为总的对象库所数）；

j ——系统变迁编号（n 为总的对象变迁数）；

OP_i ——系统的第 i 个对象，$i = 1,\ 2,\ \cdots,\ m$；

G_j ——系统的第 j 个门变迁，$j = 1,\ 2,\ \cdots,\ n$；

OPS ——系统的对象集合（OP_i），$i = 1,\ 2,\ \cdots,\ m$；

R ——系统的门变迁集合（G_j），$j = 1,\ 2,\ \cdots,\ n$；

C ——对象库所和变迁的着色 token 的集合；

T ——着色 token 的延时属性集合；

$I(OP,\ G/C)$ ——从门变迁 G 到输入信息库所 OP 的输入映射（函数），对应着从 G 到 OP 的有向弧；

$O(OP,\ G/C)$ ——从输出信息库所 OP 到门变迁 G 的输出映射（函数），对应着从 OP 到 G 的有向弧；

P_{OP_i} ——系统的第 i 个对象的功率属性，即系统的第 i 个对象的 k_i 个耗能部件的功率之和；

P ——系统的对象的功率属性集合（P_{OP_i}），$i = 1,\ 2,\ \cdots,\ m$。

CTOPN 模型中，每个对象库所 OP_i 都对应机械加工车间的实体对象（如机床）。根据生产场景（如工艺路线），用每个门变迁 G_j 及其相关的输入映射 $I(OP,\ G/C)$、输出映射 $O(OP,\ G/C)$、着色 token 集合 $C(G_j)$ 来表达相关的对象 $OP_{i'}$ 和 $OP_{i''}(i' \neq i''; i',\ i'' = 1,\ 2,\ \cdots,\ m)$ 之间的信息传递。

（2）多能耗特征建模流程

基于上述对 CTOPN 模型的定义，就可以对面向机械加工车间动态环境下的多能耗进行建模。其中，通过构建 CTOPN 模型的几何结构来对结构性能耗特征和状态性能耗特征建模；通过定义 CTOPN 模型中的着色 token 及其相关属性来对工艺性能耗特征和匹配性能耗特征建模。因此，对机械加工车间多能耗特征的建模包括两个阶段：1）构建机械加工车间中各实体对象的 OPN 模型；2）构建整个机械加工车间的 CTOPN 模型。

1）构建机械加工车间中各实体对象的 OPN 模型。机械加工车间中各实体对象的 OPN 模型是用于分析结构性能耗特征的。实体对象的 OPN 封装了该类实体对象共有的能耗行为、运行状态以及外部的信息传递。在 OPN 模型中，加工设备的能耗行为通过状态库所 sp_i、活动变迁 at_i、输入信息库所 im_i 和输出信息库所 om_i 等基本要素进行描述。其中，状态库所 sp_i 代表了加工设备耗能部件的运行状态；而活动变迁 at_i 代表了运行状态之间的触发关系。如活动变迁 at_i 相关的输入状态库所和输入信息库所同时有指定的 token，那么该活动变迁就会使能；变迁一旦使能就立即激发，从该变迁的每一输入库所中移去一定数量的 token，并在输出库所中放入一定数量的 token。因此，这样建立的实体对象的 OPN 在动态多变的生产环境中的可重用性就很高。以运输设备对象和机床对象的 OPN 为例来说明 OPN 模型的内部行为和变迁，如图 4-15 和图 4-16 所示。图 4-15 中，如果状态库所 sp_{42}（运输设备处于关闭状态）和输入信息库所 im_{41}（工件运输需求的信息）都有相应的 token，那么活动变迁 at_{41}（运输设备开始运输工件）使能，然后相应的着色 token 就会放入相应的输入库所 sp_{41}（运输设备开始运输工件，并消耗 P_{tran} 的功率），这个过程需要消耗 P_{tran} 的功率将工件运输到下一台机床去。图 4-16 中，机床对象的 OPN 模型有 11 个活动变迁（如 at_{k1} 表示机床开始加载工件、at_{k2} 表示机床完成加载工件、at_{k3} 表示机床开始加工工件等）和 15 个状态库所（如 sp_{k1} 表示机床处于空闲状态、sp_{k2} 表示机床加载完成、sp_{k3} 表示机床等待加工），以及机床的初始状态是空闲状态。如果从相关 OPN 中发送出"工件加工需求信息"并在输入信息库所 im_{k1} 中被接收，那么机床就会处于"机床加载完成"的状态。一旦机床完成卸载（at_{k5}），那么机床就会重新处于空闲状态（sp_{k1}）以及会在输出信息库所 om_{k1} 中发出一个"完成工件加工的相应信息"给相关 OPN。

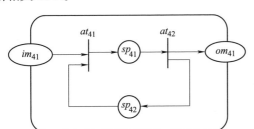

at_{41}：运输设备开始运输工件

at_{42}：运输设备完成工件的运输

sp_{41}：运输设备开始运输工件，并消耗 p_{tran}

sp_{42}：运输设备的运行状态为关闭

im_{41}：工件运输需求的信息

om_{41}：完成工件运输的响应信息

图 4-15　运输设备对象的 OPN 模型

在对机械加工车间的多能耗特征进行分析时需要机床设备的能耗数据支持。在工业上获取所有详细的能耗是一项艰巨的任务。因此，能耗数据就存在详细程度不同的特征。为了使建立的模型能够适应不同详细程度的能耗数据，机床对象的 OPN 模型提供了两种不同的能耗行为。详细的能耗数据可以用于分析生产过程机床耗能部件的能耗信息，而粗糙的能耗数据包含一些容易获得的能耗数据如机床空载功率等。图 4-16 中，如果活动变迁 at_{k3}（机床开始加工工件）被

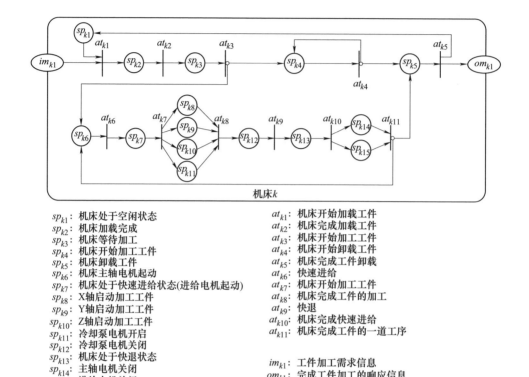

sp_{k1}：机床处于空闲状态
sp_{k2}：机床加载完成
sp_{k3}：机床等待加工
sp_{k4}：机床开始加工工件
sp_{k5}：机床卸载工件
sp_{k6}：机床主轴电机起动
sp_{k7}：机床处于快速进给状态(进给电机起动)
sp_{k8}：X轴启动加工工件
sp_{k9}：Y轴启动加工工件
sp_{k10}：Z轴启动加工工件
sp_{k11}：冷却泵电机开启
sp_{k12}：冷却泵电机关闭
sp_{k13}：机床处于快退状态
sp_{k14}：主轴电机关闭
sp_{k15}：进给电机关闭

at_{k1}：机床开始加载工件
at_{k2}：机床完成加载工件
at_{k3}：机床开始加工工件
at_{k4}：机床开始卸载工件
at_{k5}：机床完成工件卸载
at_{k6}：快速进给
at_{k7}：机床开始加工工件
at_{k8}：机床完成工件的加工
at_{k9}：快退
at_{k10}：机床完成快速进给
at_{k11}：机床完成工件的一道工序

im_{k1}：工件加工需求信息
om_{k1}：完成工件加工的响应信息

图 4-16　机床对象的 OPN 模型

触发并且该加工过程的能耗数据是粗糙的，那么状态库所 sp_{k4}（机床开始加工工件）就会获得 token。而如果获得的能耗数据是详细的，那么机床 OPN 模型就会详细地描述机床耗能部件在加工过程的详细的能耗行为。此外，机床和运输设备的中断在整个 Petri 网模型是没有考虑的，设备一旦开始加工工件或者运输工件就不会中断。

2）构建整个机械加工车间的 CTOPN 模型。通过分析机械加工车间的具体约束条件（如工艺路线、加工时间、资源能力约束等）来建立 CTOPN 模型。机械加工车间的 CTOPN 模型的建模通常按照以下步骤进行：

步骤 1：确定系统中各个实体对象。

根据机械加工车间的系统构成特点，将其中的实体对象封装成 OPN 模型，即根据机械加工车间的结构性能耗特征，明确各个对象内部的能耗行为及其与其他对象间的联系，将对象自身的状态和能耗行为构建为对象的 OPN，记为 $OP_i(i = 1, 2, \cdots, m)$；通过设置各实体对象的容量来限制各实体对象中 token 数。

步骤 2：进行对象间的连接。

根据机械加工车间的状态性能耗特征，确定对象间的通信的消息，记为门

变迁 $G_j(j=1, 2, \cdots, n)$；将所有的 OPN 模型公共信息位置连接起来，即得到 CTOPN 的几何结构。对于每个门变迁，输入和输出的关系是 OR-OR 或者 OR-AND。为了进一步明确变迁的使能条件，需要将分层变迁（具有 OR-OR 关系的变迁）分解为一个状态库所、一个输出变迁和多个输入变迁。

步骤 3：确定系统的着色 token 及其属性。

确定机械加工车间各 OPN 的 token 的着色属性、定时属性和功率属性，可以用于对工艺性能耗特征和匹配性能耗特征进行建模。token 属性描述了工件的工艺路线和时间约束特性。着色属性的分析方法如下。

步骤 3.1：根据匹配性能耗特征和工艺性能耗特征，分配着色 token ct_{pr}，表示工件 p 的第 r 个工序的资源分配（$r=1, 2, \cdots, w_p$；w_p 表示工件 p 的工序数）。

步骤 3.2：基于步骤 3.1 的着色 token 和分配的资源，确定每个对象的着色 token 集 $C(OP_i) = \{cp_{i1}, cp_{i2}, \cdots, cp_{iu_i}\}$、着色 token cp 的定时属性 $T(cp)$（$cp \in C(OP_i)$；$i=1, 2, \cdots, m$）和着色 token cp 的功率属性 $P(cp)$（$cp \in C(OP_i)$；$i=1, 2, \cdots, m$）。其中，定时属性和功率属性是由工艺参数决定的，而且这些参数也会影响工艺性能耗特征。

步骤 3.3：定义每个门变迁 G_j 的着色 token 集 $C(G_j) = \{cg_{j1}, cg_{j2}, \cdots, cg_{ju_i}\}$、输入映射 $I(OP_i, G_i/cg)$ 和输出映射 $O(OP_{i'}, G_j/cg)$。

对于每个工件 p 及其每道工序 r，选择一对着色 token (ct_{pr}, ct_{pr+1})，对应的分配资源为 $(OP_{i'}, OP_{i''})$ 和相应的门变迁为 G_j。相应信息传递函数为 $[OP_{i'}/ct_{pr} - G_j - OP_{i''}/ct_{pr+1}]$。因此，门变迁 G_j 的着色 token 可以描述为 $C(G_j) = \{ct_{pr}\}$，输入函数为 $G_j = I(OP_{i'}, G_j/ct_{pr}) = ct_{pr}$，输出函数为 $G_j = O(OP_{i''}, G_j/ct_{pr}) = ct_{pr+1}$。

当机械加工车间的生产环境发生变化时，可以基于已有 CTOPN 模型能耗模型快速建立能耗模型。如果一台新的加工设备被添加到机械加工车间，首先需要构建该设备的 OPN 模型，然后将它集成到已有的模型中；如果工件的工艺规划发生变化或者有新的工件加入，那么只需要通过添加相应的着色 token 来调整模型。因此，CTOPN 模型可以快速有效地对机械加工车间多能耗进行建模。不仅能够对机床的能耗特征进行分析，还能描述机械加工车间动态多变的生产过程。

▶ **3. 机械加工车间动态环境下的多能耗特征案例分析**

本章提出的面向机械车间动态环境下的多能耗特征建模方法针对实验车间进行多能耗特征分析，用于分析机械加工车间的多能耗特征，以及展示该机械加工车间在动态环境下的多能耗建模过程和适应不同详细程度的能耗信息的特点。该车间中，运输设备用于运输工件，因为工件的运输是由人工完成的，所以运输设备的能耗在案例里是没有考虑的。但是工件的运输会导致机床因等待加工下一工件而造成额外的能耗。

本案例中包含了两个工件，工件1为铝合金的前端盖，工件2为铸铁材料的泵体。这两个工件在该车间的三台机床上加工，分别为立式加工中心 HAAS VF5/50、立式加工中心 PL 700 和数控车床 C2-6136HK。两种工件的技术参数及工艺方案见表4-5。

表4-5 两种工件的详细信息

工件号	工件图	加工工序		机床	加工时间/min
1		O_{11}	粗铣	PL700	18
		O_{12}	粗铣	HAAS VF5/50	10
		O_{13}	精铣	PL700	30
		O_{14}	车削	C2-6136HK	10
		O_{15}	车削	C2-6136HK	3
		O_{16}	钻孔	PL700	2
2		O_{21}	粗铣	PL700	15
		O_{22}	钻孔	PL700	40
		O_{23}	粗铣	HAAS VF5/50	10
		O_{24}	钻孔	HAAS VF5/50	20
		O_{25}	钻孔	C2-6136HK	10

（1）试验车间多能耗特征的 CTOPN 模型

构建本实验车间多能耗特征的 CTOPN 模型的具体流程如下：

步骤1： 根据试验车间的系统构成特点，将 PL700 封装成 OP_1、HAAS VF5/50 封装成 OP_2、C2-6136HK 封装成 OP_3、运输设备封装成 OP_4，如图4-17所示。而且每个实体对象的容量设定为1。

步骤2： 将对象间的加工信息需求门表达为 G_1、运输信息需求门表达为 G_2，如图4-17所示。因为门变迁 G_2 在当 OP_1、OP_2 或 OP_3 有特定的 token 时就会触发，因此 G_2 是一个分层变迁，需要将其分解为状态库所 gp_{21} 及其相连的一个输出变迁 gt_{24} 和三个输入变迁 gt_{21}、gt_{22} 和 gt_{23}。

步骤3： 确定系统的着色 token 及其属性。工件的工序及其相关的着色 token 的着色属性和定时属性、分配资源见表4-6。工件的加载/卸载过程以及加工过程都考虑在了机床的 OPN 中。

表 4-6 各工件的属性描述

工件1				工件2			
工序	加工时间/min	着色token	分配资源	工序	加工时间/min	着色token	分配资源
运输	0	a.1	运输设备	运输	0	b.1	运输设备
PL700 上加工	18	a.2	PL700	PL700 上加工	15	b.2	PL700
运输	0.5	a.3	运输设备	运输	0	b.3	运输设备
HAAS 上加工	10	a.4	HAAS	PL700 上加工	40	b.4	PL700
运输	0.5	a.5	运输设备	运输	0.5	b.5	运输设备
PL700 上加工	30	a.6	PL700	HAAS 上加工	10	b.6	HAAS
运输	1	a.7	运输设备	运输	0	b.7	运输设备
C2-6136HK 上加工	10	a.8	C2-6136HK	HAAS 上加工	20	b.8	HAAS
运输	0	a.9	运输设备	运输	0.5	b.9	运输设备
C2-6136HK 上加工	3	a.10	C2-6136HK	C2-6136HK 上加工	10	b.10	C2-6136HK
运输	1	a.11	运输设备				
PL700 上加工	2	a.12	PL700				

因此，构建的实验车间的多能耗特征的 CTOPN 模型如图 4-17 所示。进一

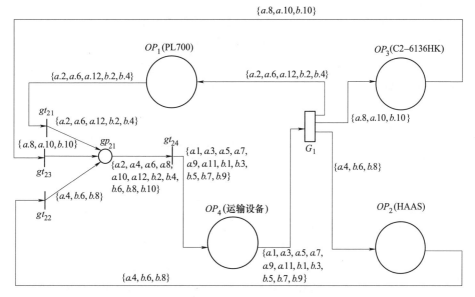

OP_1：PL700实体对象
OP_2：HAAS实体对象
OP_3：C2-6136HK实体对象
OP_4：运输设备实体对象
G_1：加工需求

gp_{21}：加工设备的信息池
gt_{21}：发自PL700实体的信息
gt_{22}：发自HAAS实体的信息
gt_{23}：发自C2-6136HK实体的信息
gt_{24}：运输需求

图 4-17 实验车间的 CTOPN 模型

步，建立的 CTOPN 模型可以从机床结构相关、工件加工过程相关以及生产过程的运行状态和匹配等多角度对实验车间的多能耗特征进行分析。为此，通过 MATLAB 对该模型进行仿真实现，并对四种不同能耗特征进行分析。

PL700 和 C2-6136HK 机床的详细功率数据如各耗能部件的功率见表4-7和表4-8。另一方面，在工业上，获得所有机床的详细能耗数据是一个庞大而艰巨的任务，而且成本也很高。在某些情况下，某些机床只有一些比较粗糙的能耗数据。为此，在上述提出的模型中，考虑了获得的能耗数据是比较粗糙的 HAAS VF5/50 机床对车间的多能耗特征进行分析，来展示本模型对数据需求的柔性。HAAS VF5/50 的空载功率见表4-9。详细的能耗数据和粗糙的能耗数据都应用于本模型的多能耗特征分析中。

表 4-7　PL700 的详细功率数据

耗能部件		功率/(10^{-3}kW)
风扇和伺服系统		601
冷却泵电机		340
Z 轴电机	快进	770
	100mm/min	16
Y 轴电机	1500mm/min	10
X 轴电机	1500mm/min	10
主轴电机	300r/min	45
	900r/min	73
	1800r/min	136

表 4-8　C2-6136HK 的详细功率数据

耗能部件		功率/(10^{-3}kW)
风扇和伺服系统		250
冷却泵电机		50
液压电机		1500
Z 轴电机	快进	500
	100mm/min	9
X 轴电机	快进	500
	100mm/min	9
主轴电机	300r/min	880
	500r/min	1260
	800r/min	1570

表 4-9　各实体对象的空载功率

	C2-6136HK	HAAS VF5/50	PL700
功率/W	0.30	0.73	0.94

（2）多能耗特征分析结果

1）结构性能耗特征。从 CTOPN 模型中获得的结构性能耗特征是基于详细的能耗数据对机床耗能部件的能耗进行分析的。以 PL700 为例，因为 OP_1（PL700 实体对象的 OPN 模型）中的能耗数据是详细的，因此，当 at_{13}（PL700 开始加工工件）使能后，将 token 从状态库所 sp_{13}（机床等待加工）中移除并移至 sp_{16}（机床主轴电机起动）。由此，就能对 PL700 的耗能部件的详细耗能特征进行分析。

以在 PL700 上加工的工件 1 的第一道工序 O_{11} 为例，来对结构性能耗特征进行描述。从模型中可以获得 PL700 加工 O_{11} 时各耗能部件的能耗，如图 4-18 所示。主轴电机、进给电机和冷却泵电机的能耗分别为 $0.200\text{kW} \cdot \text{h}$、$0.036\text{kW} \cdot \text{h}$ 和 $0.150\text{kW} \cdot \text{h}$，PL700 的基础能耗（包含了风扇和伺服系统的能耗）为 $0.266\text{kW} \cdot \text{h}$。主轴电机的能耗和机床基础能耗占总能耗的 71.5%。

此外，基于表 4-8 中 C2-6136HK 的详细数据，C2-6136HK 上加工 O_{14} 的能耗分解如图 4-19 所示，其中主轴电机、进给电机、冷却泵电机和液压电机的能耗分别为 $0.190\text{kW} \cdot \text{h}$、$0.004\text{kW} \cdot \text{h}$、$0.009 \cdot \text{kW} \cdot \text{h}$ 和 $0.125\text{kW} \cdot \text{h}$，机床 C2-6136HK 的基础能耗为 $0.042\text{kW} \cdot \text{h}$。在该加工过程中，主轴电机和液压电机的能耗占总能耗的 85.2%。

		$10^{-3}\text{kW} \cdot \text{h}$	%
1	风扇和伺服系统	266	40.8
2	冷却泵电机	150	23.0
3	进给电机	36	5.5
4	主轴电机	200	30.7
	总能耗	652	

		$10^{-3}\text{kW} \cdot \text{h}$	%
1	风扇和伺服系统	42	11.4
2	冷却泵电机	9	2.4
3	液压电机	125	33.8
4	进给电机	4	1.1
5	主轴电机	190	51.4
	总能耗	370	

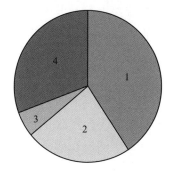

图 4-18　PL700 加工 O_{11} 时各耗
能部件的能耗

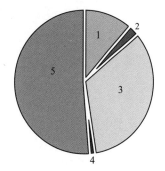

图 4-19　C2-6136HK 上加工 O_{14}
的能耗分解

2）状态性能耗特征。实验车间的状态性能耗特征分析了各机床和各工件的能耗，如图 4-20 和图 4-21 所示，这些能耗都是与实验车间的运行状态相关的。最大能耗为 $3.60\text{kW} \cdot \text{h}$，是由 PL700 机床消耗的。加工工件 1 和工件 2 的能耗分别为 $3.20\text{kW} \cdot \text{h}$ 和 $3.46\text{kW} \cdot \text{h}$。各机床的能量消耗之和为 $7.64\text{kW} \cdot \text{h}$，而各工件的能量消耗之和为 $6.66\text{kW} \cdot \text{h}$，其中存在了 $0.98\text{kW} \cdot \text{h}$ 的能耗的差异，这是因为生产方案导致了机床需要处于待机阶段，以等待下一个工件的加工，而在计算各工件能耗时没有考虑这部分待机能耗。

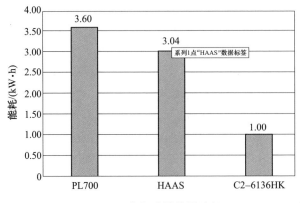

图 4-20　各机床的能量消耗

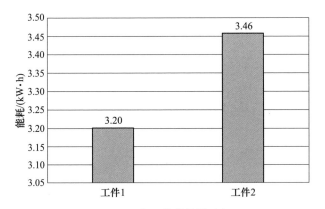

图 4-21　各工件的能量消耗

3）工艺性能耗特征。基于给定的工件的工艺路线和工艺参数，分析实验车间的工艺性能耗特征。从模型中获得各工件的每道工序的能耗如图 4-22 所示。工件 1 的总能耗为 3.20kW·h、工件 2 的总能耗为 3.46kW·h。工件 2 的总完成时间比工件 1 的少。而且，由图 4-22 可知，加工 O_{13} 消耗了 1.39kW·h 的能量，是工件 1 的总能耗的最大组成部分；加工 O_{24} 消耗了 1.23kW·h 的能量，是工件 2 总能耗的最大组成部分。因此，这些分析结果可以用于分析受工艺路线和工艺参数影响的能耗特征。

4）匹配性能耗特征。匹配性能耗特征用于分析受任务分配影响的能耗。普遍认为相同的工序，其切削能耗是不变的，因此本例分析匹配性能耗特征主要分析受任务分配影响的工件工序的空载能耗。以工件 2 为例，基于粗糙的能耗数据分析的匹配性能耗特征如图 4-23 所示。由图可知，O_{22} 的空载能耗是最大的，这是因为 PL700 机床的空载功率是这三台机床中最大的，而且该工序的加工时间也很长。

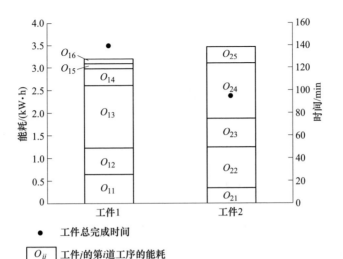

● 工件总完成时间

$\boxed{O_{ij}}$ 工件 j 的第 i 道工序的能耗

图 4-22 工件各工序的能量消耗

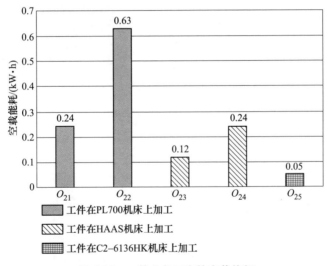

图 4-23 工件 2 各工序的空载能耗

进一步对模型评估结果和实验获得结果比较，结果表明模型对能耗评估的准确性依赖于输入数据的详细程度。以在 PL700 上加工的工序 O_{11} 和在 HAAS 加工的工序 O_{12} 为例，前者分析时采用的能耗数据是详细的如表 4-7 所示的部件功率数据，而后者分析时采用的能耗数据是粗糙的如表 4-9 所示的空载功率。模型结果和实验结果的比较如图 4-24 所示。对于工序 O_{11}，本模型采用详细数据分析的结果与实验结果存在 8.6% 的差异；而对于工序 O_{12}，本模型采用粗糙能耗数据分析的结果与实验结果存在 13.6% 的差异。

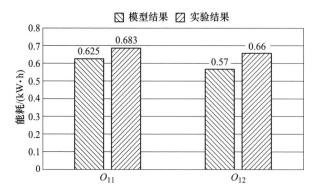

图 4-24 工序 O_{11} 和 O_{12} 的能耗结果的比较

尽管模型分析的结果和实验获得的结果存在一定的差异，但是模型结果依旧可以为机械加工车间的能耗特征分析提供可靠的参考，即便是在能耗数据是比较粗糙的情况下。本模型采用粗糙的数据分析 HAAS 机床加工 O_{12}、O_{23} 和 O_{24} 消耗的能耗。分析的结果与实验结果比较如图 4-25 所示，不管是模型结果还是实验结果，各工序的能耗比例几乎相同。因此，从生产运筹和工艺规划角度，该模型的结果在分析主要耗能部件和发现节能潜力的优先级等方面还是可靠的。

综上所述，模型的分析结果从多角度展示了机械加工车间能耗的整体透明度。结构性能耗特征展示了机床各耗能部件的能耗分解，装备设计人员和维修工程师等人员可以利用这个能耗特征分析影响机床能耗最大的耗能部件，为进一步的节能设计提供决策支持。工艺性能耗特征的分析结果可以将机械加工车间的能耗透明到工件的各工序，如图 4-25 所示的详细能耗分析可以有效地支

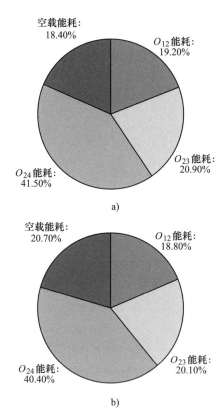

图 4-25 HAAS 机床能耗
比较结果（百分比）

a）模型结果 b）实验结果

持工艺设计人员制定节能工艺方案。状态性能耗特征和匹配性能耗特征分析结果可以被生产管理人员用于评估生产运作过程中受生产规划和匹配影响的能耗。

参 考 文 献

[1] 刘飞，曹华军，张华 . 绿色制造的理论与技术 [M]. 北京：科学出版社，2005.

[2] CHRYSSOLOURIS G. Manufacturing systems：theory and practice [M]. New York：Springer，1992.

[3] DAHMUS J，GUTOWSKI T. An environmental analysis of machining [C]//ASME international mechanical engineering congress and RD&D expo. New York：ASME，2004：13-19.

[4] DIAZ N，CHOI S，HELU M，et al. Machine tool design and operation strategies for green man-ufacturing [C]. California：Laboratory for Manufacturing and Sustainability，2010.

[5] 刘飞，徐宗俊，但斌 . 机械加工系统能量特性及其应用 [M]. 北京：机械工业出版社，1995.

[6] DIETMAIR A，VERL A. A generic energy consumption model for decision making and energy efficiency optimisation in manufacturing [J]. International Journal of Sustainable Engineering，2009，2 (2)：123-133.

[7] LI W，KARA S. An empirical model for predicting energy consumption of manufacturing proces-ses：a case of turning process [J]. Proceedings of the Institution of Mechanical Engineers (Part B Journal of Engineering Manufacture)，2011，225 (9)：1636-1646.

[8] SCHRUBEN L. Simulation modeling with event graphs [J]. Communications of the ACM，1983，26 (11)：957-963.

[9] BUSS A H. Modeling with event graphs [C]//Proceedings of the 28th conference on Winter simulation. New York：IEEE Computer Society，1996：153-160.

[10] HE Y，LIU B，ZHANG X，et al. A modeling method of task-oriented energy consumption for machining manufacturing system [J]. Journal of Cleaner Production，2012，23 (1)：167-174.

[11] SCHMITT R，BITTENCOURT J L，Bonefeld R. Modelling machine tools for self-optimisation of energy consumption [C]. Glocalized Solutions for Sustainability in Manufacturing. Berlin：Springer，2011：253-257.

[12] ABELE E，EISELE C，SCHREMS S. Simulation of the energy consumption of machine tools for a specific production task [C]//Leveraging Technology for a Sustainable World. Berlin：Springer，2012：233-237.

[13] BRAUN S，HEISEL U. Simulation and prediction of process-oriented energy consumption of machine tools [C]. Leveraging Technology for a Sustainable World. Berlin：Springer，2012：245-250.

[14] AVRAM O I，XIROUCHAKIS P. Evaluating the use phase energy requirements of a machine tool system [J]. Journal of Cleaner Production，2011，19 (6)：699-711.

第 ❹ 章

机械加工车间能耗评估

[15] LAREK R, BRINKSMEIER E, MEYER D, et al. A discrete-event simulation approach to predict power consumption in machining processes [J]. Production Engineering Research and Development, 2011, 5 (5): 575-579.

[16] RAHIMIFARD S, SEOW Y, CHILDS T. Minimising embodied product energy to support energy efficient manufacturing [J]. CIRP Annals-Manufacturing Technology, 2010, 59 (1): 25-28.

[17] HERRMANN C, THIEDE S. Process chain simulation to foster energy efficiency in manufacturing [J]. CIRP Journal of Manufacturing Science and Technology, 2009, 1 (4): 221-229.

[18] SMITH L, BALL P. Steps towards sustainable manufacturing through modelling material, energy and waste flows [J]. International Journal of Production Economics, 2012, 140 (1): 227-238.

[19] ABELE E, SIELAFF T, SCHIFFLER A, et al. Analyzing energy consumption of machine tool spindle units and identification of potential for improvements of efficiency [C]//Glocalized Solutions for Sustainability in Manufacturing. Berlin: Springer, 2011: 280-285.

[20] DRAGANESCU F, GHEORGHE M, DOICIN C V. Models of machine tool efficiency and specific consumed energy [J]. Journal of Materials Processing Technology, 2003, 141 (1): 9-15.

[21] HE Y, LIU F. Methods for integrating energy consumption and environmental impact considerations into the production operation of machining processes [J]. Chinese Journal of Mechanical Engineering, 2010 (4): 428.

[22] HERRMANN C, THIEDE S. Process chain simulation to foster energy efficiency in manufacturing [J]. CIRP Journal of Manufacturing Science and Technology, 2009, 1 (4): 221-229.

[23] 李晓鸥, 余文, 徐心和. 基于面向对象着色 Petri 网的 FMS 仿真研究 [J]. 计算机科学, 1995, 22 (5): 61-65.

[24] WANG L C. Object-oriented Petri nets for modelling and analysis of automated manufacturing systems [J]. Computer Integrated Manufacturing Systems, 1996, 9 (2): 111-125.

[25] WANG L C, WU S Y. Modeling with colored timed object-oriented Petri nets for automated manufacturing systems [J]. Computers & industrial engineering, 1998, 34 (2): 463-480.

第 5 章
——

机械加工车间能耗优化

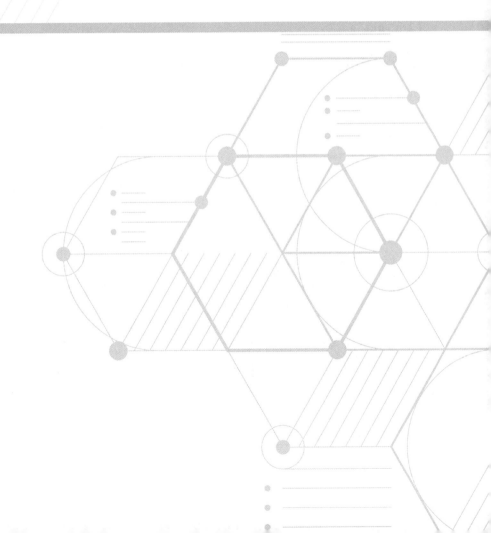

第 4 章全面、系统地揭示和描述机械加工车间的复杂能耗过程，系统地分析了机械加工车间多能耗特征，发现了机械加工车间的节能潜力，为机械加工车间节能运行提供基础理论支持。如何实现机械加工车间的能耗优化运行是本章的研究重点。其中通过加工任务的节能优化配置是一种更有效和经济的方法，其不需要改变已有机械加工车间的设备设施，更易于操作和实现。为此，本章从生产运作层面对机械加工车间的能耗优化方法进行了研究。

5.1 机械加工车间能耗优化问题描述

5.1.1 机械加工车间柔性特征描述

机械加工车间中有多种机械加工设备，零件根据加工工艺路线在不同设备上完成加工；零件的工艺路线在生产过程中，由毛坯到成品经过加工工序的先后顺序制定加工工艺路线，即制定出零件全部由粗到精的加工工序；工序是组成工艺路线的最基本单元，它指的是一个或一组人在一个工作地（机械设备）对同一个或同时对几个零件所连续完成的那一部分工艺过程；工艺路线对零件的机械加工精度、工艺过程经济性等都有重要意义。

在机械加工车间里，零件工艺路线具有柔性变化的特点。已有学者对柔性工艺路线进行了研究。美国普渡大学研究团队的研究表明，工序柔性和次序柔性能改善对柔性制造系统的运行效率。学者们对加工过程工艺路线涉及的柔性进行了定义和讨论，柔性工艺路线是柔性制造系统中的生产规划柔性部分，并分析了柔性工艺路线对制造系统性能的影响。印度高校研究团队基于实验设计方法分析了工艺路线的柔性特点及对柔性制造系统性能的影响。根据现有的柔性工艺路线的研究同时结合传统工艺路线的基本特点，柔性工艺路线包含的主要柔性如下：

（1）工序柔性（operation flexibility） 工序柔性表示零件的同一个工序能在不同机床进行加工的一种可能性，即在传统的工艺路线中工序在某一固定的设备上加工，而具有工序柔性的工艺路线则是工序具有机床选择的柔性。

（2）次序柔性（sequencing flexibility） 次序柔性表示零件的部分工序在进行加工时没有严格的先后顺序约束，即在传统的工艺路线中工序加工顺序是固定的，而具有次序柔性的工艺路线则是工序间存在加工次序柔性。

（3）工艺柔性（processing flexibility） 工艺柔性表示零件的同一个加工特征可以采用一个工序或者一系列的几个工序进行加工，即传统工艺路线中的单个工序和一系列的几个工序相互替换，而具有工艺柔性的工艺路线则表示该工艺路线存在工艺柔性。

柔性工艺路线的特征具体含义如图 5-1 所示，零件 1 的工序 O_{11} 的可选机床为 M_1 和 M_2，即工序柔性；图 5-1 中 "Or…Or" 之间的工序表示零件具有可选的加工工序即工艺柔性，例如，零件 1 可以选择 $\{O_{11}, O_{12}, O_{13}\}$ 或者 $\{O_{11}, O_{14}\}$ 两种序列的工序加工；"And…And" 表示零件的加工工序间没有次序约束即次序柔性，例如，零件 1 的工序 O_{12} 和 O_{13} 没有加工先后顺序约束。通过建立图 5-1 中的柔性工艺路线网来描述柔性工艺路线中各柔性的约束信息。

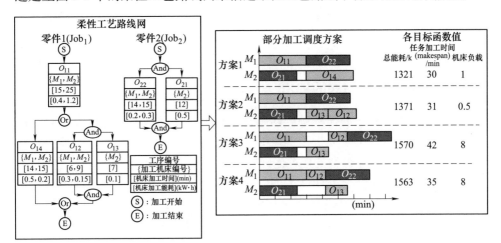

图 5-1　柔性工艺路线的调度方案优化目标对比实例

▶5.1.2　机械加工车间能耗构成分析

机械加工车间的总能耗 E 由工序的加工能耗 E_m 和非加工时段的待机能耗 E_w 组成，如式（5-1）所示。

$$E = \sum_{i=1}^{n} E_w + \sum_{i=1}^{n} E_m \qquad (5\text{-}1)$$

机床的非加工待机能耗 E_w 是机床没有进行切削加工时消耗的能量，如机床等待下一个工件到达期间消耗的能耗。因此，这部分能耗可以通过机床空载功率 P_0 与机床等待下一工序的等待时间 t_w 相乘计算得到，如式（5-2）所示。

$$E_w = P_0 t_w \qquad (5\text{-}2)$$

加工能耗 E_m 包括两部分：①工件加工准备期间的待机能耗 E_s；②工件切削加工过程的能耗 E_c。因此加工能耗 E_m 可以表示为式（5-3）。

$$E_m = E_s + E_c \qquad (5\text{-}3)$$

其中待机能耗 E_s 可以通过机床空载功率 P_0 与刀具和工件的安装时间 t_s 的乘积来评估。而对于多功能机床，机床的开关机时间 t_g 也需要考虑，如式（5-4）所示。

$$E_s = P_0 t_s + P_0 t_g \qquad (5\text{-}4)$$

机床的切削能耗 E_c 通过式（5-5）计算所得。

$$E_c = (P_0 + kv)t_c \tag{5-5}$$

式中，v 是材料去除率（cm^3/s）；t_c 是切削加工时间（s）；工序的加工时间为 t_c、t_s、t_g 之和；k 为切削比能（$W \cdot s/mm^3$），与工件的硬度和机床的特征相关。由于切削条件在节能配置前就已经确定好了，因此，参数 k 可以事先通过切削试验或者查手册确定不同工件材料的经验值。将式（5-2）~式（5-4）代入式（5-5），得到总能耗模型如式（5-6）所示。需要注意的是，所提出的方法是针对加工工序的。

$$E = P_0 t_w + P_0 t_s + P_0 t_g + (P_0 + kv)t_c = P_0(t_w + t_s + t_g + t_c) + kvt_c \tag{5-6}$$

▶▶ 5.1.3 节能优化问题的提出

面向柔性工艺路线的任务调度问题在机械加工车间能耗优化研究中较基础并且非常重要，本章重点分析了调度时考虑工艺路线的多柔性的调度能耗特征即柔性工艺路线对调度方案的能耗的影响。

美国麻省理工学院研究团队表明，同种钢材料的零件在四种不同型号的机床上加工时，机床的切削比能最高为 $60kJ/cm^3$，最低为 $10kJ/cm^3$。本书作者的研究也表明机械加工车间加工工序选用不同机床加工能耗不同。如图 5-1 所示，考虑了工序柔性的调度则是加工工序选择不同的加工机床得到不同加工生产调度方案，进而按照所产生的调度方案进行加工时能耗不同；考虑工艺柔性的调度则是加工工序及工序数量改变使得所有的加工机床也随之变化，加工时间、待机时间等也随之变化，因此按照所产生的调度方案进行加工时能耗不同；次序柔性则是调度时改变工序使得机床的待机时间变化，则待机能耗随之改变；因此调度时同时考虑了工序柔性、工艺柔性及次序柔性三个柔性，将使得调度产生更多的方案。节能调度就是通过调度来获得能耗较优的调度方案，按照该方案进行加工能够节约加工任务的总能耗。

基于上述分析，为了阐述柔性工艺路线对调度目标（任务加工总能耗 E 和任务加工完成时间 T 及机床负载 L）的影响，选用某加工车间加工一个包含两个零件的任务为例分析柔性对生产调度方案及各目标的影响，如图 5-1 所示的柔性工艺路线调度方案的优化目标对比实例，图中机床 M_1 的待机功率为 810W，机床 M_2 的待机功率为 420W。图 5-1 中所示方案 1 与方案 2 产生的目标值不同是由于工艺柔性的影响，采用方案 1 加工比采用方案 2 节约 $50W \cdot h$ 的电能，任务加工完成时间节约 1min，而机床负载增大；由于次序柔性和工序柔性的影响，采用方案 2 加工比采用方案 3 节约 $199W \cdot h$ 的电能，任务加工完成时间节约 11min，而机床负载减小；由于工序间具有次序柔性的影响，采用方案 4 加工比采用方案 3 节约 $7W \cdot h$ 的电能，但是机床负载不变。通过上述理论和实例分析可知，在零件批量生产时采用能耗小的方案加工可以节约任务加工的总能耗。

进一步，在机械加工车间中，普遍存在一个现象即一些非瓶颈的机床设备在不加工工件的时候就会处于待机状态。机床处于待机状态需要消耗一定量的能量来维持机床的基本运行。而机床长时间处于待机状态将产生大量的能量浪费，尤其是待机功率大的机床，但这部分能耗是可以被降低的。美国威奇托州立大学研究团队调研了一家美国飞机零部件制造商的四台机床设备在八小时工作制内的待机时间和待机能耗数据，调研结果见表5-1。由表可知，四台机床平均待机时间都达到24%，也就是这部分时间机床都处于待机状态，而且最多可以节约23%的能耗，可见非瓶颈的机床设备待机部分的节能潜力很大。该团队进一步对该企业认为的生产瓶颈的生产设备的待机时间和可节约的待机能耗展开调研，结果表明即便是生产瓶颈的生产设备能耗浪费仍然严重，平均每台机床有16%的时间处于待机状态，通过实施节能优化运行技术则可以节约13%的能耗。Bladh等的研究也表明缩短机床加工等待和开停机时间能够获得10%～25%的节能潜力。

表5-1　四台非瓶颈机床设备在八小时工作制内的待机时间和待机能耗数据

参数	机床1	机床2	机床3	机床4
待机时间	23%	16%	28%	28%
可节约的待机能耗	23%	9%	14%	6%

因此，将机械加工车间能耗优化问题描述为：加工 N 个零件，其中工件 i 包含 J_k 个工序；工件的工序间存在次序约束且每个工序具有 M 台可选加工机床。最优生产方案的优化目标包括了总能耗和传统的优化目标如加工完成时间（makespan）和加工生产时机床使用的平衡评价值机床负载 L 等。

5.2　机械加工车间能耗优化方法

目前，针对基于柔性工艺路线的能耗优化问题研究的方法主要从精确方法和近似方法两方面展开。精确方法包括分支定界法、数学规划法、拉格朗日松弛法和分解等方法，这类方法虽然能够求解得到全局最优解，但是求解复杂，仅仅适合小规模问题。近似方法包括构造性方法（如优先分配规则算法、基于瓶颈的启发式方法等）、人工智能方法（如神经网络、进化算法、蚁群算法、粒子群优化算法、遗传算法等）和局部搜索方法（如模拟退火算法、禁忌搜索算法等），这类算法求解速度快适合大规模问题，但不能保证得到的解最优。因此，提出基于自适应算法（Q 学习算法）的节能优化方法和基于NP算法的节能优化方法，用于机械加工车间能耗优化。

▷ 5.2.1　面向柔性工序和次序的节能优化方法

针对机械加工车间生产运行过程的能耗受工序柔性和次序柔性影响，提出了一种基于嵌套分割（nested partitions，NP）算法的节能优化方法，通过机床的选择来优化工件工序的加工能耗，可以通过工序排序来优化机床的待机能耗，为机械加工车间的节能运行提供了一种可行的方法。

▶▶ **1. 基于 NP 算法的节能优化模型**

为了使得建立的机械加工车间节能优化模型更加精确，假设：所有工件都是同时到达且没有优先级；所提出的模型中工件在所分析的周期内是可加工的，而下一个周期内的工件是不考虑的；此外，机床在分析周期内是可用的，并且在每个工序的加工过程中不允许中断。

根据上述假设，下面对模型的符号和参数进行定义：

（1）符号定义

i，k——工件号，i，$k = 1$，$\cdots$，N（其中 N 为总工件数）；

j，l——工件工序号，j，$l = 1$，$\cdots$，j_i（其中 j_i 为工件 i 的工序总量）；

m，n——机床号的角标，m，$n = 1$，$\cdots$，M（其中 M 为机床数量）。

（2）参数定义

O_{ij}——工件 i 的第 j 道工序；

t_{ijm}——机床 M_m 加工工序 O_{ij} 的加工时间，$t_{ijm} = t_{s, ijm} + t_{c, ijm}$；

$t_{w, m}$——机床 M_m 的待机时间；

E_{ijm}——机床 M_m 加工工序 O_{ij} 的能耗；

$E_{ijm} = P_{o, m} t_{s, ijm} + P_{o, m} t_{g, ijm} + (P_{o, m} + k_i v_{ij}) t_{c, ijm}$；

$P_{o, m}$——机床 M_m 的待机功率；

R_i——工件 i 的释放时间（到达时间）；

c_{ijm}——工序 O_{ij} 在机床 M_m 上的加工结束时间；

L——任意的正极大数；

$Q_i = \{(j, l)\}_i$——工件 i 的工序 j 和工序 l 之间没有先后次序约束；

$PR_i = \{(j, l)\}_i$——工件 i 的工序 j 必须在工序 l 前进行加工。

（3）决策变量符号

$$x_{ijm} = \begin{cases} 1, & \text{工序 } O_{ij} \text{ 选用机床 } M_m \text{ 加工} \\ 0, & \text{否则} \end{cases}$$

$$y_{ijmkln} = \begin{cases} 1, & \text{工序 } O_{ij} \text{ 在机床 } M_m \text{ 上开始加工早于工序 } O_{kl} \text{ 在机床 } M_n \text{ 上开始加工} \\ 0, & \text{否则} \end{cases}$$

采用混合整数规划（MIP）建立本节的基于 NP 算法的节能优化问题的数学模型，模型如下所示。

（1）调度优化目标函数

① 总完成时间最小：

$$\min f_1 = C = \max_{\forall i, j, m} \{c_{ijm}\} \tag{5-7}$$

② 总能耗最小：

$$\min f_2 = E = \sum_{i=1}^{N} \sum_{j=1}^{J_i} \sum_{m=1}^{M} \left(E_{ijm} x_{ijm} \right) + \sum_{m=1}^{M} P_{\mathrm{o},m} t_{\mathrm{w},m} \tag{5-8}$$

（2）约束条件

$$c_{ilm} - c_{ijn} + L(2 - x_{ilm} - x_{ijn}) \geq t_{ilm} \quad \forall (j, l) \in PR_i, i \tag{5-9}$$

$$c_{iln} - c_{ijm} + L(1 - y_{ijmiln} - x_{ijn}) \geq t_{iln} \quad \forall (j, l) \in Q_i, i, m, n \tag{5-10}$$

$$c_{ijm} - c_{iln} + Ly_{ijmiln} + L(2 - x_{ijm} - x_{iln}) \geq t_{ijm} \quad \forall (j, l) \in Q_i, i, m, n \tag{5-11}$$

$$y_{ijmijn} = 0, \ \forall i, j, m, n \tag{5-12}$$

$$y_{ijmkln} + y_{klnijm} = 1, \ \forall i, j, k, l, m \tag{5-13}$$

$$c_{klm} - c_{ijm} + L(1 - y_{ijmklm}) \geq t_{klm} \quad \forall i, j, k, l \tag{5-14}$$

$$c_{ijm} - c_{klm} + Ly_{ijmklm} + L(2 - x_{ijm} - x_{klm}) \geq t_{ijm} \quad \forall i, j, k, l \tag{5-15}$$

$$c_{ijm} - t_{ijm} + L(1 - x_{ijm}) \geq R_i \quad j = 1, \ \forall i, m \tag{5-16}$$

$$\sum_{m=1}^{M} x_{ijm} = 1 \quad \forall i, j \tag{5-17}$$

$$x_{ijm} \in \{0, 1\} \quad \forall i, j, m \tag{5-18}$$

$$y_{ijklm} \in \{0, 1\} \quad \forall i, j, k, l, m \tag{5-19}$$

其中，约束式（5-9）表示各工件的工序加工需要满足优先级约束；约束式（5-10）和式（5-11）表示同一工件的两个工序不能同时进行加工；约束式（5-12）和式（5-13）保证了工序加工次序；约束式（5-14）和式（5-15）保证每台机床同时只能加工一个工序；约束式（5-16）表示工序只能在释放时间到了之后才能开始加工；约束式（5-17）保证一个工序只能在一台机床上加工；约束式（5-18）和式（5-19）则是模型所需的二进制的决策变量。

▶ 2. 求解方法概述及定义

机械加工车间能耗优化问题是一个涉及工序加工优先级约束、加工机床选择和可选工序次序的大型离散优化问题。NP 算法对于大型离散优化问题是非常高效的。这种方法对于离散事件动态系统以及组合优化问题具有很高的求解效率。它把全局搜索与局部寻优结合在一起，具有开放性、并行性、全局性和易操作性等突出优点；能够解决许多复杂系统的确定性和随机性优化问题，并且具有很高的计算效率。

NP 算法是一种基于分区和抽样的方法，主要是从全局角度向解空间中最可能域搜索计算。在每次迭代里，都将整个解空间分割为可能域和其余域。算法的分割是将当前最可能域分割成多个子域，并将所有子域以外的所有区域合并成一个区域（称为其余域）。一种好的分割策略能够将更多优的解集中在子域里，使得算法能够集中搜索这些子域，达到快速收敛。算法的第二步是在每个子域和其余域中进行随机抽样。一旦每个区域的抽样完成后，就需要通过抽样点计算每个区域的品质索引值，选择最可能区域。一些局部启发式搜索方法可以用来构建品质索引值。假如最可能域的某个子域具有最优的品质索引值，那么该子域就是下一次迭代的最可能域。此外，如果最好的品质索引值发生在其他域里，那么下一迭代的最可能域需要通过回溯算子来确定。

（1）分割　分割是 NP 算法的第一步也是最重要的一步。通过固定一些决策变量可以将当前的最可能域分割成多个子域。本节采用分割方法在机床上固定加工工序的顺序、将当前最可能域分割成多个子域，并将子域外的所有区域合并成一个区域。需注意的是，在算法的初次迭代时，当前最可能域是整个可行区间。目前有两种分割策略，即水平分割（H）和垂直分割（V），如图 5-2 所示。其中，水平分割策略是按照机床优先进行分割，即将一台机床各位置上都安排工序后，再安排下一台机床的加工的工序；而垂直分割策略是按照位置优先进行分割，即将每

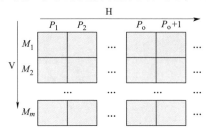

图 5-2　分割策略

台机床上的第一个位置安排完工序，再安排每台机床的第二个位置加工的工序。由于机械加工车间能耗优化取决于每个工序的位置，本节采用基于位置优先的垂直分割进行分割。首先固定所有机床的 P_o 位置的加工工序，然后，再到 $P_o + 1$ 位置。因此，根据垂直分割策略，将一道工序安排到分割树就可以形成一个子域。这种分割可以提供一个完整的子域划分，形成的分割树如图 5-3 所示。

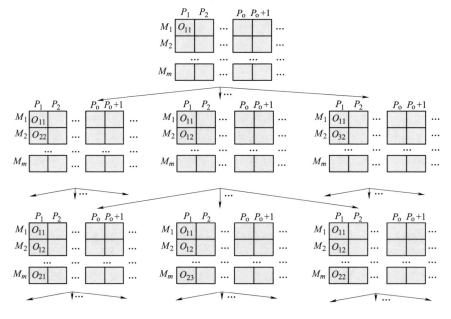

图 5-3　基于垂直分割策略的分割树

（2）随机抽样　随机抽样是 NP 算法确定最可能域的关键步骤，要求子域内的所有可行解都有可能被抽取到，而且可行解的随机采样也是非常重要的。在每个子域内采集到非可行解不仅意味着获得没用的解，而且浪费计算资源，最后降低算法的效率。为说明本章采用的随机采样方法，需要先定义以下概念。

1）定义 5.1　自由工序。

如果工序没有前置工序的约束或者前置工序已经被安排了，这样的工序称为自由工序。

2）定义 5.2　预固定工序。

通过预先固定机床上加工的工序将当前的最可能域分割成多个子域，这样的工序称为预固定工序。

3）定义 5.3　堵塞机床。

如果一台机床上的预固定工序不是自由工序，那么这台机床就称为堵塞机床。在堵塞机床 m 上，第一个非自由的预固定工序称为冻结工序，而该冻结工序所在的位置（从 0 开始）称为冻结位置（记为 F_m）。

机械加工车间能耗优化模型的随机抽样方法如图 5-4 所示。算法每次迭代前都需要将自由工序归到自由工序集（记为 Ω），同时从自由工序集 Ω 随机选择一个工序进行安排。预固定工序是在分割阶段确定的，这些工序也需要考虑在随机采样过程中。对于每台机床，如果所有的冻结工序都是自由工序，那么将冻结位置 F_m 赋值为-1。如图 5-4 所示，如果在自由工序集中随机选择的工序 l 是预固定工序，那么就将该工序安排在预固定位置；如果不是，那么就在工序 l 的可选机床集（Ψ_l）中随机选择一台机床，直到该机床 F_m 等于-1，再将该工序安排在最早的可行位置上。

（3）品质索引值的计算　一旦算法的每个子域都抽样完成，下一步就是利用获得的抽样点计算每个区域的品质索引值。品质索引值函数定义是基于整个问题的目标来建立的。在每次迭代中，确定品质索引值最好的区域，将这个子域作为下次迭代的最可能域。

本节采用加权求和方法构建品质索引值函数。考虑到优化模型中总完成时间最小的目标函数 f_1 和总能耗最小的目标函数 f_2 是相互冲突的两个目标。因此，需要将这两个目标函数 f_1 和 f_2 集成起来，构建一个单目标函数。进一步，可以将该单目标函数用来评价每个样本并确定最可能域。品质索引值函数构建过程如下所述：

品质索引值函数是基于目标函数 f_1 和 f_2 的评价值构建的。首先需要第 t 次迭代中，各目标函数 f_1 和 f_2 在整个迭代过程的最小值 $f_1^{\min}$（或者 $f_2^{\min}$）和最大值 $f_1^{\max}$（或者 $f_2^{\max}$）。

$$f_q^{\min(t)} = \min_k \{ f_q^{\min(t-1)},\ f_q(S_r) \mid r = 1,\ 2,\ \cdots,\ \text{NUM} \} \tag{5-20}$$

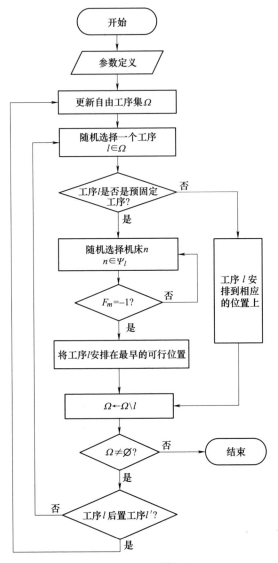

图5-4 随机抽样算法流程

$$f_q^{\max(t)} = \max_k \{f_q^{\max(t-1)},\ f_q(S_r) \mid r = 1,\ 2,\ \cdots,\ \text{NUM}\} \qquad (5\text{-}21)$$

式中，$f_q^{\min(t)}$ 和 $f_q^{\max(t)}$ 表示第 q 个目标函数在第 t 次迭代中的最小值和最大值；S_r 和 NUM 分别表示当前代的样本点和样本点数量。

最后，建立品质索引值函数如式（5-22）所示。

$$Obj(S_r) = \frac{f_1^{(t)} - f_1^{\min(t)}}{f_1^{\max(t)} - f_1^{\min(t)}} + \frac{f_2^{(t)} - f_2^{\min(t)}}{f_2^{\max(t)} - f_2^{\min(t)}} \qquad (5\text{-}22)$$

（4）回溯 基于品质索引值函数，每次迭代的最可能域就可以确定了。但是，如果通过品质索引值函数的计算结果显示，最可能域为其他域时，算法则要回溯到根区间，同时重新开始启动算法。直到分割到最后的子域或者没有找到最好的解算法停止。

3. 自适应算法基本步骤

基于上述步骤，NP 算法的详细算法流程如图 5-5 所示。算法开始前，需要

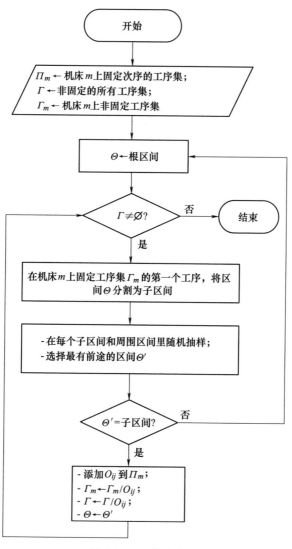

图 5-5 NP 算法流程

定义一些重要参数，Γ 表示用作停止准则的非固定的工序集；Π_m 和 Γ_m 分别表示每次迭代区间里机床 m 上固定次序的工序集和非固定工序集。O_{ij} 定义为最有前途子区间 Θ' 里的固定工序。

5.2.2 面向柔性工艺路线的节能优化方法

建立了面向机械加工车间柔性工艺路线的任务调度节能优化多目标模型并设计了一种基于改进 Q 学习的多目标 Pareto 求解算法。该调度优化模型是基于柔性工艺路线的任务调度能耗特征建立的以任务加工总能耗、任务加工完成时间、机床负载为目标的多目标数学模型，并且将工艺路线的柔性转化为数学模型的部分约束条件。

为了建立机械加工车间能耗优化数学模型，假设：①任务包含的零件互相没有先后顺序且同时到达车间，且都可以从零时开始加工；②车间的机床在没有被调度安排前都是可以用的；③每台机床同一时刻只能加工一道工序且不能中断，且机床从零时开始都处于可加工状态且该批任务的工序开始加工前的待机不算在本次任务的待机能耗中；④零件的一道工序完成立即到达加工下一工序的机床，运输及装夹时间忽略不计（由于人为及其他偶然因素导致时间不固定）；⑤同一零件不同工序不能同时加工；⑥该批任务加工可能用到的机床在该批任务加工完成前不加工其他任务。

根据上述假设，下面对模型的符号进行定义：

E：任务加工总能耗包括加工能耗及待机能耗，定义如式（5-1）所示。

T：任务加工完成时间（makespan）。任务加工完成时间普遍作为生产调度问题中最重要目标之一，在目前的生产调度问题中被广泛研究，是保证加工车间任务加工能够在零件交货期限内完成的重要指标，因此是车间生产调度必须考虑的。例如，图 5-1 中调度方案 1 的任务加工完成时间为 30min，定义如式（5-23）所示。

$$T = \max_{\forall i}\{T_i\} \tag{5-23}$$

式中，T_i 是任务所使用机床 M_i 的机床运行结束时间与任务开始加工时间之差。

L：机床负载，是机械加工车间机床使用的平衡指标，用于平衡机床的使用率。现有很多研究指出，必须平衡机床负载能够使得机床进行加工时均衡地被使用，即平衡机床的加工状态的时间，同时又能平衡等待加工零件的缓存，不会导致一些机床一直处于加工而一些机床经常处于闲置状态，因此机床负载作为生产调度的优化目标。定义如式（5-24）所示。

$$L = \sqrt{\frac{1}{m}\sum_{i=1}^{m}(t_i - \bar{t})^2} \tag{5-24}$$

式中，t_i 是机床 M_i 处于加工状态的总时间；$\bar{t}$ 是任务加工使用的各机床（ M_1，…，M_i ）处于加工状态的总时间的平均值，定义为 $\bar{t} = \dfrac{1}{m} \sum\limits_{i=1}^{m} t_i$。

M：车间加工该任务的可选机床数，车间的机床集合 $\{M_1，M_2，\cdots，M_m\}$，其中 $m = M$；

P：车间机床的待机功率集合，$P = \{P_1，P_2，\cdots，P_m\}$；

J：车间任务包含的零件集合，$J = \{J_1，J_2，\cdots，J_n\}$；

n：任务的零件数；

T^*：任务规定允许的最大加工完成时间；

O_{ij}：零件 $J_i(i = 1，2，\cdots，n)$ 的工序 $j(j = 1，2，\cdots，L_i)$；

L_i：零件 J_i 的工序数；

t_{ijm}：零件 J_i 的工序 j 在机床 M_m 上的加工时间；

E_{ijm}：工序 O_{ij} 在机床 M_m 上的加工能耗；

t_{ijm}^{start}：工序 O_{ij} 在机床 M_m 上的加工开始时间；

t_{ijm}^{end}：工序 O_{ij} 在机床 M_m 上的加工结束时间，$t_{ijm}^{\text{end}} = t_{ijm}^{\text{start}} + t_{ijm}$；

$SF_{ipq} = \begin{cases} 0，\text{工序 } O_{iq} \text{ 在工序 } O_{ip} \text{ 前面加工} \\ 1，\text{否则} \end{cases}$，其中 $p，q = 1，2，\cdots，L_i$ 且 $p \neq q$；

$PF_{ij} = \begin{cases} 1，\text{若工序 } O_{ij} \text{ 被选择进行加工} \\ 0，\text{否则} \end{cases}$；

$OF_{ijm} = \begin{cases} 1，\text{若工序 } O_{ij} \text{ 在机床 } M_m \text{ 加工} \\ 0，\text{否则} \end{cases}$；

t_m：机床 M_m 的加工总时间，$t_m = \sum\limits_{i}^{n} \sum\limits_{j}^{L_i} PF_{ij} OF_{ijm} t_{ijm}$；

N：任务加工选用的机床数；

$\bar{t}$：机床加工时间的平均值，$\bar{t} = \dfrac{1}{N} \sum\limits_{m=1}^{M} t_m$；

t_m^{idle}：机床 M_m 的待机总时间，$t_m^{\text{idle}} = \max\limits_{m}\{t_{ijm}^{\text{end}}\} - t_m - \min\limits_{m}\{t_{ijm}^{\text{start}}\}$。

面向工艺路线柔性的任务调度节能优化问题的多目标数学模型是在混合整数规划模型的基础上建立的，如下所示。

（1）调度优化目标函数

① 任务加工完成时间最小：

$$\min f_1 = T = \max_{\forall i, j, m}\{t_{ijm}^{\text{end}}\} \tag{5-25}$$

② 任务加工总能耗最小：

$$\min f_2 = E = \sum_{i=1}^{n} \sum_{j=1}^{L_i} \sum_{m=1}^{M} PF_{ij} OF_{ijm} (E_{ijm} + p_m t_m^{\text{idle}}) \tag{5-26}$$

③任务可用机床负载最小：

$$\min f_3 = L = \sqrt{\frac{1}{N} \sum_{m=1}^{M} (t_m - \bar{t})^2} \tag{5-27}$$

（2）约束条件

$$(1 - SF_{ij_1j_2})(t_{ij_1m}^{\text{start}} PF_{ij_1} OF_{ij_1m} - t_{ij_2m}^{\text{start}} PF_{ij_2} OF_{ij_2m}) \geqslant (1 - SF_{ij_1j_2}) t_{ij_2m} OF_{ij_1m} OF_{ij_2m} \tag{5-28}$$

$$SF_{ij_1j_2}(t_{ij_1m}^{\text{start}} PF_{ij_2} OF_{ij_2m} - t_{ij_1m}^{\text{start}} PF_{ij_1} OF_{ij_1m}) \geqslant SF_{ij_1j_2} t_{ij_1m} OF_{ij_1m} OF_{ij_2m} \tag{5-29}$$

式（5-28）、式（5-29）中：$i \in [1, n]$；$j_1 j_2 \in [1, L_i]$；$m \in [1, M]$。

$$(1 - SF_{ij_1j_2})(t_{ij_1m_1}^{\text{start}} PF_{ij_1} OF_{ij_1m_1} - t_{ij_2m_2}^{\text{start}} PF_{ij_2} OF_{ij_2m_2}) \geqslant (1 - SF_{ij_1j_2}) t_{ij_2m_2} OF_{ij_1m_1} OF_{ij_2m_2} \tag{5-30}$$

$$SF_{ij_1j_2}(t_{ij_2m_2}^{\text{start}} PF_{ij_2} OF_{ij_2m_2} - t_{ij_1m_1}^{\text{start}} PF_{ij_1} OF_{ij_1m_1}) \geqslant SF_{ij_1j_2} t_{ij_1m_1} OF_{ij_1m_1} OF_{ij_2m_2} \tag{5-31}$$

式（5-30）、式（5-31）中：$i \in [1, n]$；$j_1 j_2 \in [1, L_i]$；$m_1, m_2 \in [1, M]$。

$$SF_{ipq} + SF_{iqp} = 1 \tag{5-32}$$

式（5-32）中：$i \in [1, n]$；$p, q \in [1, L_i]$。

$$\sum_{j=1}^{L_i} PF_{ij} \leqslant L_i \tag{5-33}$$

式（5-33）中：$i \in [1, n]$。

$$\sum_{m=1}^{M} OF_{ijm} = 1 \tag{5-34}$$

式（5-34）中：$i \in [1, n]$；$j \in [1, L_i]$。

$$T \leqslant T^* \tag{5-35}$$

在上述数学模型中，式（5-25）~式（5-27）分别是任务加工完成时间最小、任务加工总能耗最小、任务可用机床负载最小三个目标函数。约束条件式中，式（5-28）、式（5-29）表示同一机床在同一时刻只能加工一道工序且包含工序次序柔性约束，式（5-30）、式（5-31）表示同一零件的不同工序不能同时加工且包含工序次序柔性约束，式（5-32）使得工序次序约束选择正确，式（5-33）确保加工工艺柔性中只选择一种路径加工对应的特征，式（5-34）同一工序只选择一台机床加工，式（5-35）表示任务加工完成时间小于规定允许的最大加工完成时间（即完工时间不超过交货期）。

▶▶▶ **1. 求解方法概述及定义**

Q 学习算法具有自适应及贪婪搜索优点，能够快速搜索到最优解。针对提出的节能调度数学模型中包含的柔性工艺路线约束可以转化为调度优化规则（即工序加工柔性产生的动作为改变工序的加工机床，工序次序柔性则改变工序的加工顺序，加工方式柔性则选择不同的工序加工），而这些规则可以转化为 Q 学习算法的动作集中，在进行模型求解时不断更新状态空间，自适应选择较好的动作改变工序的加工机床、工序加工次序、选择不同的加工工序，从而获得不同的调度方案和目标函数值。采用改进 Q 学习算法进行柔性工艺路线的加工任务节能调度模型的求解，能够自动感知判断学习过程中执行的动作及奖惩回报，通过不断学习选择最优动作使得目标函数达到最优。

在多目标问题中各目标函数优化时存在冲突，即不存在所有目标都同时达到最优的解，调度优化过程中必须综合权衡考虑各目标。因此利用多目标的帕累托（Pareto）优化的求解思想进行求解优化。在 Q 学习算法的基本算法步骤（如文献中的基本步骤）的基础上进行改进，提出改进的 Q 学习算法来求解 Pareto 解集，该算法的优点在于能够根据当前的状态空间进行贪婪的选择动作进行自学习，并且评价每次迭代学习的收敛性效果。

针对改进的 Q 学习算法，对算法中的参数做如下定义：

①定义式（5-36）作为一个评价函数来判断每次学习动作选取的优劣性。

$$\begin{cases} e_0 = e(s^0) = \sum_{i=1}^{3} \dfrac{f_i^{(0)}}{f_i^{(0)}} = 3, \text{初始值} \\[3mm] e_1 = e(s^1) = \sum_{i=1}^{3} \dfrac{f_i^{(1)} - f_i^{(0)}}{f_i^{(0)}}, \text{其中} r = 1 \\[3mm] e_r = e(s^r) = \sum_{i=1}^{3} \dfrac{f_i^{(r)} - f_i^{\min(r)}}{f_i^{\max(r)} - f_i^{\min(r)}}, \text{其中} r > 1 \end{cases} \quad (5\text{-}36)$$

式中，s^r 是第 r 次学习得到的目标函数解（即面向柔性工艺路线的任务调度方案）；$f_1^{(r)}$，$f_2^{(r)}$，$f_3^{(r)}$ 分别是多目标模型中的 T，E，L；$f_i^{(r)}$ 是第 r 次学习得到的第 i 个目标函数值；定义 $\begin{cases} f_i^{\min(r)} = \min\limits_{r}\{f_i^{(r-1)}, f_i(s^r) \mid r = 1, \cdots, \text{Num}\} \\ f_i^{\max(r)} = \max\limits_{r}\{f_i^{(r-1)}, f_i(s^r) \mid r = 1, \cdots, \text{Num}\} \end{cases}$，其中 Num 是最大学习迭代次数，$f_i^{\min(r)}$ 和 $f_i^{\max(r)}$ 分别是 $r - 1$ 次学习过程中的最小和最大目标函数值。

②定义改进的 Q 学习算法的状态空间及动作集，见表 5-2，e_0 表示评价函数的初始值，e_r 表示评价函数的值；动作集是根据调度经验总结得到两种降低调度方案能耗的措施（包括通过减小待机时间最长的机床上的待机时间降低待机能耗和通过减小能耗最大的机床上的能耗降低调度方案总能耗）产生的，其中降低待机能耗措施和降低能耗最大机床能耗分别对应的通过工序次序变化（考虑次序柔性）、工序加工机床变化（考虑工序柔性）、工序个数变化（考虑工艺柔性）及不同零件间加工顺序的变化四种调度动作共八个动作（记为 a_1，a_2，$\cdots$，a_8）（例如图 5-1 中方案 3 和方案 4 是由于执行了工序次序柔性的动作）。

表 5-2　状态的 Q 值表

状态	状态划分标准	a_1	a_2	a_3	a_4	a_5	a_6	a_7	a_8
$S_0=0$	$0<e_r<0.6e_0$	$Q(0,1)$	$Q(0,2)$	$Q(0,3)$	$Q(0,4)$	$Q(0,5)$	$Q(0,6)$	$Q(0,7)$	$Q(0,8)$
$S_0=1$	$0.6e_0\leq e_r<0.8e_0$	$Q(1,1)$	$Q(1,2)$	$Q(1,3)$	$Q(1,4)$	$Q(1,5)$	$Q(1,6)$	$Q(1,7)$	$Q(1,8)$
$S_0=2$	$0.8e_0\leq e_r<e_0$	$Q(2,1)$	$Q(2,2)$	$Q(2,3)$	$Q(2,4)$	$Q(2,5)$	$Q(2,6)$	$Q(2,7)$	$Q(2,8)$
$S_0=3$	$e_0\leq e_r<1.2e_0$	$Q(3,1)$	$Q(3,2)$	$Q(3,3)$	$Q(3,4)$	$Q(3,5)$	$Q(3,6)$	$Q(3,7)$	$Q(3,8)$
$S_0=4$	$1.2e_0\leq e_r<1.4e_0$	$Q(4,1)$	$Q(4,2)$	$Q(4,3)$	$Q(4,4)$	$Q(4,5)$	$Q(4,6)$	$Q(4,7)$	$Q(4,8)$
$S_0=5$	$1.4e_0\leq e_r$	$Q(5,1)$	$Q(5,2)$	$Q(5,3)$	$Q(5,4)$	$Q(5,5)$	$Q(5,6)$	$Q(5,7)$	$Q(5,8)$

③定义改进的 Q 学习算法的奖惩函数式（5-37）。

$$b=\begin{cases}1, & e_{r+1}<e_r \\ -1, & e_{r+1}\geq e_r\end{cases} \tag{5-37}$$

式中，b 表示奖惩值，具体含义为若执行该次动作获得结果较上次优则获得奖励，反之则获得惩罚。

④ 定义上述多目标调度模型的 Pareto 最优解集（本节中表示调度方案集合）记为 $P=\{S^0,S^1,\cdots,S^r\}$，其中若 $\forall i=1,2,3,f_i(S^A)\leq f_i(S^B)\wedge\exists_i=1,2,3,f_i(S^A)<f_i(S^B)$，则称 S^A 支配 S^B；P 对应的目标函数矢量组成的曲面称为 Pareto 的前沿面 $PF=\{(f_1^{(r)}(S^r),f_2^{(r)}(S^r),f_3^{(r)}(S^r))^T|S^r\in P\}$。

▶▶ **2. 自适应算法基本步骤**

改进的 Q 学习算法求解上述多目标调度数学模型（算法流程如图 5-6 所示）的步骤如下：

① 对于所有的状态 S_i 和动作（a_1，a_2，$\cdots$，a_8）初始化 Q 值 $Q(S_t,a_i)=1$，其中 S_t，a_i 的取值见表 5-2，学习次数 $n=1$ 及算法参数 α、λ。

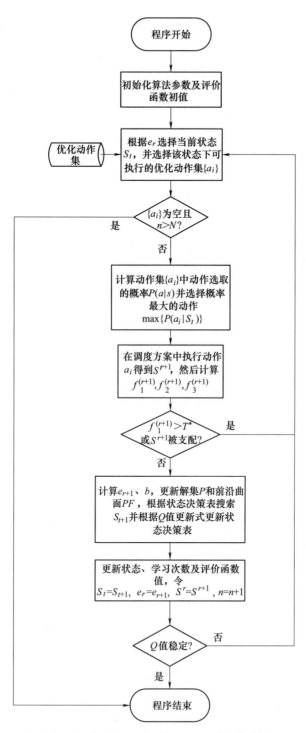

图 5-6 改进的 Q 学习多目标求解自适应算法流程

② 根据工序加工机床最小能耗原则（即工序加工时选择能耗最小的机床进行加工），同时算法随机选择特征的加工工序及零件的加工顺序，获取模型的初始解 S^0，并计算初始目标函数值 $f_1^{(0)}$，$f_2^{(0)}$，$f_3^{(0)}$，e_0，令 $e_r = e_0$，$S^r = S^0$。

③ 根据 e_r 值由表 5-2 获取当前状态 S_t，判断约束条件并搜索可执行的优化动作集 $\{a_i\}$，若 $n > \text{Num}$，结束；否则转至步骤④。

④ 根据系统当前状态，计算每个动作选取概率 $P(a_i \mid S_t) = \dfrac{Q(S_t,\ a_i)}{\sum\limits_j Q(S_t,\ a_j)}$，

其中 $Q(S_t,\ a_i)$ 取值见表 5-2，选取概率最大（$\max\{P(a_i \mid S_t)\}$）的动作。

⑤ 执行最大概率的动作改变调度方案，计算 $f_1^{(r+1)}$，$f_2^{(r+1)}$，$f_3^{(r+1)}$，若 S^{r+1} 被支配或者 $f_1^{(r+1)} > T^*$，则转到步骤③；否则，更新 e_{r+1} 值、解集 P 及前沿曲面 PF，根据式（5-21）获得本次执行动作的奖惩值 b，由表 5-2 获得系统下一状态 S_{t+1}。

⑥ 按照式：$V^* = \max\limits_i Q(S_{t+1},\ a_i)$ 和 $Q(S_{t+1},\ a_i) = (1-\alpha)Q(S_t,\ a_i) + \alpha(b + \gamma V^*)$ 更新表 5-2 的 Q 值 $\{Q(S_t,\ a_i)\}$。

⑦ 更新状态，令 $S_t = S_{t+1}$，$e_r = e_{r+1}$，$S^r = S^{r+1}$，$n = n+1$。

⑧ 转至步骤③，直到出现终止或者稳定状态，算法结束。

5.3 机械加工车间能耗优化支持系统

基于上述的面向机械加工车间柔性特征的能耗优化问题求解方法，开发了面向机械加工车间柔性工艺路线的任务调度节能优化支持系统，该系统主要包括基础数据管理、柔性工艺路线管理、调度任务管理、调度节能优化等模块。该系统实现了柔性工艺路线的任务调度节能优化，可以通过改变工序的加工机床、改变具有工序次序柔性的工序次序、为零件选择合适的工序来获得节能的调度方案及工艺路线。

▶▶ 1. 系统体系结构设计

设计了面向机械加工车间能耗优化支持系统体系结构如图 5-7 所示，该系统体系结构是由应用层、数据层、系统支撑层、业务表现层、核心功能层、模型层组成的多层次体系结构。

（1）应用层 系统应用层是提供可视化的人机交互窗口，为机械加工车间不同人员提供交互界面，应用层的对象包括生产调度人员、生产管理人员、生产加工人员、系统维护人员等。

（2）业务表现层 业务表现层是面向机械加工车间柔性工艺路线的任务调度节能优化的流程。该流程通过输入机床、零件、柔性特征、加工数据；根据

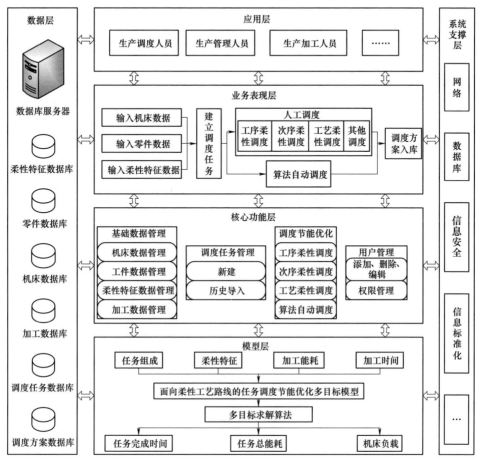

图 5-7 面向机械加工车间能耗优化支持系统体系结构

机械加工车间的加工任务建立系统中的调度任务；然后，实施调度（系统中可以进行人工调度和算法自动调度），最后将调度优化结果输出并将调度方案存入数据库中。

（3）核心功能层 核心功能层是系统体系结构最重要的一层，它是系统的核心，主要包括基础数据管理、调度任务管理、调度节能优化及用户管理。

（4）模型层 模型层主要是系统实现中采用的多目标模型及模型求解算法，以及实施调度节能优化是模型所需的输入及结果输出，该层次为调度方案提供能耗及完成时间等信息。

（5）数据层 数据层是指系统实现所必需的数据库及数据库管理，用于存储和管理机械加工车间调度节能优化所需的数据，包括：机床数据库、零件数据库、柔性特征数据库、加工数据库、调度任务数据库、调度方案数据库等。

（6）系统支撑层　系统支撑层主要为系统运行所需的不同信息在系统内外各节点间提供连接支撑；该层次包括网络、数据库、信息安全及信息标准化等，为系统安全正常地运行提供保证。

2. 系统功能结构设计

根据上述方法框架及系统体系结构设计了系统的功能结构，如图5-8所示。

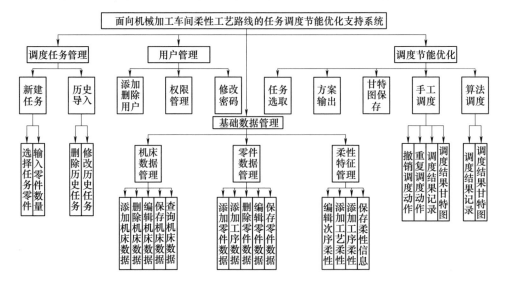

图 5-8　系统功能结构

（1）调度任务管理

1）新建任务。新建任务功能实现对当前机械加工车间所需加工的任务新建一个调度任务。首先选择任务所包含的零件，并且输入任务所需加工零件的数量；然后输入新建任务的任务名称及相关的备注信息，同时系统自动添加该调度任务的建立时间，为调度节能优化做准备。

2）历史导入。历史导入功能实现从已建立的调度任务中直接读取调度任务的建立信息进行调度任务的建立，同时也能对读取的信息进行修改建立新的调度任务；历史导入功能模块中也可以对已建立的调度任务进行简单的管理，包括删除、查询、编辑。

（2）调度节能优化　调度节能优化功能为系统的核心模块，对机械加工车间的加工任务进行节能的调度。调度节能优化实现的功能包括：任务选取、手工调度、算法调度、方案输出、甘特图保存。

1）任务选取功能。任务选取是从建立的调度任务库中直接选取一个调度任务，是本系统进行调度前必须进行的操作。

2）手工调度功能。手工调度功能指的是使用系统的生产调度人员根据本人多年的调度经验对零件工序进行调度，本系统中手工调度可以进行的具体调度动作包括：工序柔性调度即在系统产生的甘特图中手动拖拽改变零件工序（具有工序柔性的工序）的加工机床、次序柔性调度即手动拖拽改变零件工序间（具有次序柔性的工序）的加工先后顺序、工艺柔性调度即手动改变零件的工序（具有工艺柔性的工序）数量及通过手动拖拽改变零件的加工先后顺序；同时系统也能进行调度动作的重复和撤销动作，通过对调度结果列表和甘特图的观察对比，利用重复和撤销功能可以返回到不同的调度方案。通过手工调度的一系列调度动作得到一个能耗、时间都相对较优同时又很符合加工生产普通规律的调度方案，并且当前显示的调度方案结果在甘特图和调度过程中的调度结果列表中显示出来。

3）算法调度功能。算法调度功能主要是通过提出的面向机械加工车间能耗优化方法进行调度节能优化、自动搜索节能的调度方案，并且将当前显示的调度方案结果在柱状图和调度过程中的调度结果列表中显示出来，同时也能实现手动调度相同的撤销和重复功能。

4）方案输出和甘特图保存功能。方案输出功能实现调度方案的输出，将零件工序的加工机床、开始和结束时间等调度方案的信息输出；甘特图保存功能实现对调度方案的甘特图进行截图保存，能直观地看到工序的加工机床、工序的加工顺序及零件所选择的工序等信息。

（3）基础数据管理

1）机床数据管理功能。机床数据管理功能主要实现对机床的基本信息（型号、名称、待机功率、额定功率、空载功率、厂商、备注等）的添加、删除、编辑、保存、查询等管理功能。

2）零件数据管理功能。零件数据管理功能主要实现零件基本信息（零件名称、型号、零件图、材料等）的添加、删除、编辑、保存等管理功能；同时对零件的初始工艺路线包含的工序进行管理，主要包括工序名称、工序号、工序简图、工序的工步内容、备注信息等的添加、删除、编辑、保存等。

3）柔性特征管理功能。柔性特征管理功能主要实现对工序柔性、次序柔性和工艺柔性特征的添加、删除、编辑、保存等管理功能。工序柔性特征的管理包括针对零件柔性工艺路线中包含的所有工序进行分析并配置相应的加工设备，添加相应的加工时间及能耗；次序柔性特征的管理包括编辑、保存工艺路线中包含工序间的加工先后次序约束；工艺柔性特征管理包括针对初始工艺路线进行分析添加、工序的拆分或者合并生成新的加工工序，删除、编辑、保存工艺柔性等。

（4）用户管理 用户管理功能主要实现对系统的使用用户进行添加、注销、编辑用户的权限、修改用户密码等。

⟫ 3. 系统数据库设计

基于机械加工车间能耗优化支持系统体系结构及功能结构分析系统所需的数据，在对这些信息进行定义和分类后，按照关系数据库设计中的规范化的设计原则进行设计。在关系数据库中实体与实体间的联系都是用关系表示的，其数据结构是由一系列二维表组成的，每个二维表又可以称作关系；同时关系数据库中每个表内不能出现相同的元组，即在二维表中不能出现完全相同的两行，每个二维表的列属性值也设置了相应的约束，例如：主键（主属性）不能为空等约束。关系数据库中数据结构简单、清晰，用户易懂易用，因此，关系数据库早已成为目前最广泛的数据库系统。按照关系数据库的规范化设计方法设计本系统的关系数据库，部分数据表间的关系如图 5-9 所示。

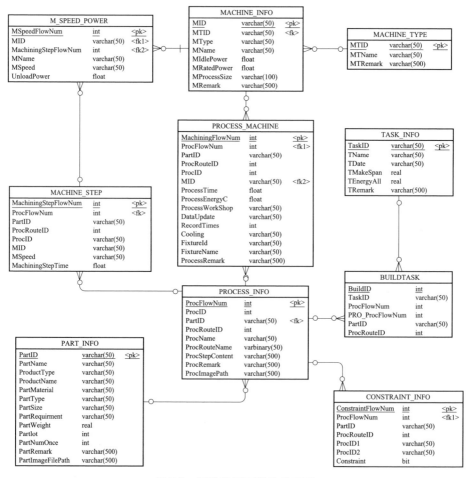

图 5-9　部分数据表间的关系图

根据数据表关系及系统的数据需求，本系统的数据库采用 Microsoft SQL Server 数据库软件创建本系统数据库中所需的数据表，本系统所需要的数据表清单见表 5-3。

表 5-3　系统数据库中的数据表清单

序号	表名	解释
1	BUILDTASK	描述任务、零件、工序、机床四者之间的关系
2	CONSTRAINT_INFO	用于存储工序次序柔性特征的约束信息
3	MACHINE_TYPE	用于保存机床的种类信息
4	MACHINE_INFO	用于保存机床的相关信息
5	MACHINE_STEP	用于保存工序的加工的转速及相应加工时间
6	M_SPEED_POWER	用于保存机床的不同转速下的空载功率
7	PART_INFO	用于保存零件所有工序的信息，包含工艺柔性信息
8	PROCESS_INFO	用于保存工序的信息
9	PROCESS_MACHINE	工序在不同机床上加工的加工信息即工序柔性特征
10	TASK_INFO	用于保存任务的相关信息
11	USER_INFO	用于保存用户信息

表 5-3 清单中的部分数据表详细结构如下所示。

1) 机床信息表（表 MACHINE_INFO）的存储内容包括：机床编号（自动编号）、机床类型编号（自动编号）、机床型号（键盘输入）、机床名称（键盘输入）、待机功率（键盘输入）等字段，详细结构见表 5-4。

表 5-4　机床信息表

是否主键	字段名	字段描述	数据类型	长度	可空
是	MID	机床编号	VARCHAR（50）	50	否
否	MTID	机床类型编号	VARCHAR（50）	50	否
否	MTYPE	机床型号	VARCHAR（50）	50	是
否	MNAME	机床名称	VARCHAR（50）	50	是
否	MIDLEPOWER	待机功率	FLOAT		否
否	MRATEDPOWER	额定功率	FLOAT		是
否	MPROCESSSIZE	加工尺寸	VARCHAR（100）	100	是
否	MREMARK	备注	VARCHAR（500）	500	是

2) 工序信息表（表 PROCESS_INFO）的存储内容包括：工序编号（自动编

号）、零件编号（自动编号）、工艺路线编号（自动编号）、工序名称（键盘输入）、工序内容（键盘输入）等字段，详细结构见表5-5。

表5-5　工序信息表

是否主键	字段描述	数据类型	长度	可空
是	工序流水号	INT		否
否	工序编号	INT		否
否	零件编号	VARCHAR（50）	50	否
否	工艺路线编号	INT		否
否	工序名称	VARCHAR（50）	50	是
否	工序内容	VARCHAR（500）	500	是
否	备注	VARCHAR（500）	500	是
否	工序简图	VARCHAR（500）	500	是

3）工序次序约束信息表（表 CONSTRAINT_INFO）的存储内容包括：零件编号（自动保存）、工艺路线号（自动保存）、工序编号（自动保存）、工序编号（自动保存）、约束信息标识（自动保存）等字段，详细结构见表5-6。

表5-6　工序次序约束信息表

是否主键	字段名	字段描述	数据类型	长度	可空	默认值
是	CONSTRAINTFLOWNUM	约束流水号	INT		否	
否	PARTID	零件编号	VARCHAR（50）	50	否	
否	PROCROUTEID	工艺路线编号	INT		否	
否	PROCID1	工序编号	VARCHAR（50）	50	否	
否	PROCID2	工序编号	VARCHAR（50）	50	否	
否	CONSTRAINT	约束信息标识	BIT		否	TRUE

4）工序加工信息表（表 PROCESS_MACHINE）的存储内容包括：加工流水号（自动编号）、零件编号（自动保存）、工艺路线编号（自动保存）、工序编号（自动保存）、机床编号（自动保存）、加工时间（自动保存）、加工能耗（自动保存）等字段，详细结构见表5-7。

表5-7　工序加工信息表

是否主键	字段名	字段描述	数据类型	长度	可空
是	MACHININGFLOWNUM	加工流水号	INT		否
否	PARTID	零件编号	VARCHAR（50）	50	否
否	PROCROUTEID	工艺路线编号	INT		否

（续）

是否主键	字段名	字段描述	数据类型	长度	可空
否	PROCID	工序编号	INT		否
否	MID	机床编号	VARCHAR（50）	50	否
否	PROCESSTIME	加工时间	FLOAT		否
否	PROCESSENERGYC	加工能耗	FLOAT		否
否	DATAUPDATE	更新时间	VARCHAR（50）	50	是
否	PROCESSREMARK	备注	VARCHAR（500）	500	是

▶▶ **4. 机械加工车间能耗优化支持系统开发**

（1）系统初始界面　系统登录后初始界面即系统运行的主界面如图 5-10 所示，包括调度任务管理、调度节能优化、基础数据管理和用户管理等主要模块，系统中采用菜单栏的形式设计各模块。

图 5-10　系统登录及主界面

（2）基础数据管理的实现

1）机床数据管理。根据"系统功能结构设计"，该模块主要实现机床数据的管理，实现界面如图 5-11 所示。

机床数据管理界面分为机床树、机床列表、机床空载功率管理、机床信息管理、机床信息管理的功能按钮区域，主要实现机床数据如机床编号、机床名称、待机功率、额定功率、空载功率、厂商等基本信息的添加、删除、编辑、保存等功能，详细功能如下。

①分别单击机床树中的机床信息节点和机床类型（例如：车床）节点时，机床列表区域分别显示所有的和选中类别的机床信息。同时，机床空载功率列表区域中显示机床列表中选中的机床的空载功率数据，这两种节点下可以进行机床的添加、查询、机床类型管理、机床空载功率管理功能。

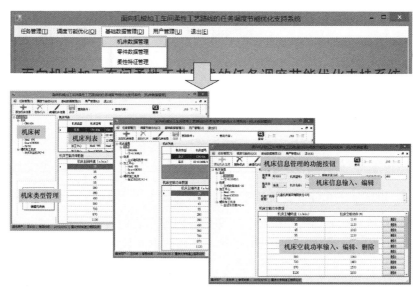

图 5-11　机床数据管理界面

②单击机床树中的某台机床（例如：CD6140A）节点时，可以对机床的详细信息（编号、名称、功率等）进行输入、编辑、保存，该节点可以进行机床信息的删除功能。

③机床空载功率列表显示机床主轴不同转速对应的空载功率，单击功能按钮区域中的"编辑机床信息"按钮后，可以对转速和空载功率进行输入、修改、删除和保存操作。

2）零件数据管理。该模块主要实现零件数据的管理，实现界面如图 5-12所示。

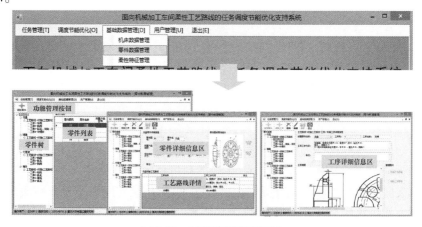

图 5-12　零件数据管理界面

零件数据管理界面包括零件树、零件列表、零件详细信息区、工艺路线详情、工序详细信息区、功能管理按钮区域，主要实现零件数据、零件初始工艺路线的输入、编辑、删除、保存等功能，详细功能如下。

① 单击零件信息节点时，零件列表区域显示所有的零件信息；该节点下可以单击"添加零件"按钮实现添加一个新的零件。

② 单击零件节点（例如：托盘）时，零件详细信息区域显示零件编号、名称、型号、零件图等详细信息；工艺路线详情区域显示零件的初始工艺路线的工序及工序的详细加工内容。该节点下能够实现添加、编辑、删除整个零件相关信息，并将操作的内容保存到数据库中。

③ 单击工序节点（例如：托盘车削工序）时，工序详细信息区域显示工序的编号、名称、内容、简图等。该节点下实现工序信息的添加、删除、编辑，然后将相应操作保存到数据库中。

3）柔性特征管理。该模块主要实现柔性特征数据的管理，实现界面如图 5-13 所示。

图 5-13　柔性特征管理界面

柔性特征管理界面包括工序树、次序柔性、工艺柔性、工序柔性、功能按钮区域，主要实现工序间次序约束、工序拆分合并、工序加工机床的编辑、删除、保存等功能，详细功能如下。

① 次序柔性管理的实现，第一步单击工艺路线节点显示次序柔性区域；第二步单击功能按钮区域的"编辑"按钮；第三步在工序次序约束列表中根据实际的工艺路线工序间的约束情况选中或者不选中复选框（默认情况下工序间都存在约束，即复选框全都是处于选中状态）；第四步编辑完成后单击功能按钮区域的"保存"按钮将次序柔性特征保存到数据库中。

② 工艺柔性管理的实现，第一步单击工艺路线节点显示工艺柔性区域；第二步单击功能按钮区域的"编辑"按钮；第三步在工艺柔性区域中根据零件工艺路线的实际工艺柔性通过选中复选框选择相应的工序（若实现工序的合并则需选择两个及以上工序，若实现工序的拆分则选中一个工序）；第四步单击工艺柔性区域中的"拆分"或"合并"按钮；第五步输入拆分或合并后得到的新工序名称及内容；第六步单击工艺柔性区域中的"保存"按钮将工艺柔性产生的新工序保存到缓存（若该条工艺路线存在多个工艺柔性，则重复第三步到第六步）；第七步单击功能按钮区域中的"保存"按钮将工艺柔性特征保存到数据库中。

③ 工序柔性管理的实现，单击功能按钮区域的"工序柔性"按钮进入工序柔性区域。添加功能：第一步单击工序节点（例如：托盘车削工序）；第二步单击功能按钮区域中的"添加"按钮，可以为选中工序添加可加工机床；第三步输入相应的加工时间及能耗；第四步单击功能按钮区域中的"保存"按钮将工序柔性信息保存到数据库。编辑功能：第一步单击工序节点（例如：托盘车削工序）；第二步在工序的加工机床列表中选中需要编辑的机床；第三步单击功能按钮区域中的"编辑"按钮；第四步在工序柔性编辑区进行相应信息的修改；第五步单击功能按钮区域的"保存"按钮将修改的信息保存到数据库中。

（3）任务管理和调度节能优化的实现 任务管理包括新建任务和导入任务；调度节能优化包括选择任务、手工与算法自动调度优化、调度结果输出和保存调度方案，实现界面如图5-14所示。

任务管理界面主要实现调度任务的建立，包括选取任务包含的零件、输入零件数量；调度节能优化主要实现选择调度任务，对调度任务进行手动调度和算法自动调度。详细功能如下。

① 脚点任务管理的实现：第一步单击主界面中的"任务管理"菜单；第二步单击"新建任务"或者"导入任务"子菜单；第三步选择该任务包含的零件，输入零件个数，然后输入任务名称，最后保存创建的任务信息到数据库中。

② 调度节能优化的实现：第一步单击功能按钮区的"选取调度任务"；第二步通过拖拽或者鼠标右键选取操作改变调度方案显示区的工序条进行手工调度，同时也可以通过功能按钮区的算法调度优化（即本节提出的改进 Q 学习多目标算法）进行自动调度完成调度优化；第三步通过双击选择调度结果显示列

表中较优结果的方案，同时也可通过功能按钮区的"撤销"或者"返回"按钮回到较优的方案；第四步通过功能按钮区的"保存调度方案图"和"输出调度结果"按钮将选定方案的调度图和调度结果输出。

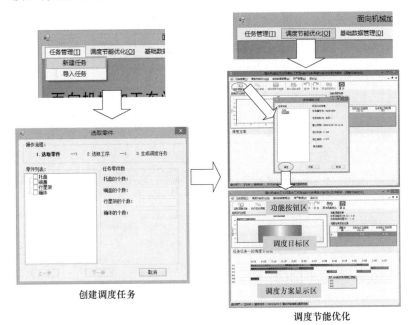

创建调度任务

调度节能优化

图 5-14　任务管理和调度节能优化界面

▶▶5. 机械加工车间能耗优化支持系统运行实例

为了验证提出的机械加工车间能耗优化方法的可行性及分析提出的节能优化模型的节能潜力，选取某机械加工车间加工一批包含四个零件的任务进行调度试验。车间包含机床待机功率信息见表 5-8，任务包含零件工序加工时间 $t_{ijm}(\min)$ 和能耗 $E_{ijm}(\mathrm{W \cdot h})$ 信息，见表 5-9，该任务零件柔性工艺路线网如图 5-15 所示。改进的 Q 学习算法参数设置为：$\alpha = 0.1$，$\gamma = 0.9$，Num = 10。

为了验证提出基于工序加工柔性、工序次序柔性和加工方式柔性的机械车间节能调度模型的优势，设定三种场景进行试验：

1) 场景 1：考虑柔性工艺路线三种柔性的节能调度（优化目标为多目标即 E、T、L）。

2) 场景 2：不考虑工艺路线的柔性，即加工机床、加工工序、工序加工顺序都是固定的调度（优化目标为多目标即 E、T、L）。

3) 场景 3：是柔性工艺路线调度目标为传统调度时间的单一目标（优化目标仅为总完成时间 T）。

表 5-8　机床待机功率　　　　　　　　　　（单位：W）

机床编号	M_1	M_2	M_3	M_4	M_5	M_6
待机功率/W	810	420	1485	355	415	450

表 5-9　任务工序加工时间及能耗

$(t_{ijm}/\text{min})/$ $(E_{ijm}/\text{W}\cdot\text{h})$	O_{11}	O_{12}	O_{13}	O_{14}	O_{21}	O_{22}	O_{23}	O_{24}	O_{31}	O_{32}
M_1	7/170.7	7/97.2	—	6/15.6	—	6.5/20.7	8/44.1	—	10/49.8	6/60.5
M_2	—	—	6/138.0	—	9/17.5	5/29.5	—	—	—	5/62.9
M_3	—	6/80.9	5/205.9	—	—	—	12/97.5	5/60.4	10/57.0	—
M_4	5/228.7	—	—	—	—	—	10/50.6	8/70.9	7/96.0	7/89.7
M_5	6/317.2	—	8/310.4	—	—	—	9/50.2	—	8/66.0	—
M_6	—	5/87.6	—	—	—	6/21.9	—	7/119.1	—	5/173.5

$(t_{ijm}/\text{min})/$ $(E_{ijm}/\text{W}\cdot\text{h})$	O_{33}	O_{34}	O_{35}	O_{36}	O_{41}	O_{42}	O_{43}	O_{44}	O_{45}
M_1	15/100.3	—	—	—	—	5/100.0	—	—	—
M_2	—	6/176.5	8/119.5	9/149.5	—	9/367.9	—	5/99.7	7/97.2
M_3	—	—	7/70.9	—	6/195.3	—	3/95.3	8/90.8	10/108.1
M_4	7/149.7	7/96.0	6/100.7	—	—	—	—	—	—
M_5	9/245.1	9/89.5	—	—	4/176.5	13/517.4	3/87.5	6/103.2	8/99.3
M_6	12/195.3	—	—	6/245.7	7/185.7	11/734.8	—	—	—

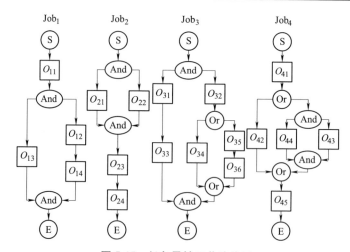

图 5-15　任务柔性工艺路线网

以场景 1 为例，对系统整个运行过程进行演示，如图 5-16 所示。运行本系统，用管理员身份登录系统；通过基础数据管理录入机床、零件、柔性特征数据；通过任务管理建立该包含四个零件的加工任务的调度任务；最后在调度节能优化中选取该任务进行调度优化获得相应的调度方案，即系统运行结束。将本场景的系统运行中的调度节能优化的初始调度方案（图5-17a）和调度节能优化后的调度方案（图5-17b）对比，对比结果见表5-10。由图5-17和表5-10的对比可知，面向机械加工车间柔性工艺路线的任务调度节能优化支持系统能够优化选择工序的加工机床即考虑工序柔性（例如：Job_2 的工序 O_{22} 加工机床由 M_1 变为 M_6）、优化选择加工工序即考虑了工艺柔性（例如：Job_3 的工序由 $\{O_{31}、O_{32}、O_{33}、O_{35}、O_{36}\}$ 变为 $\{O_{31}、O_{32}、O_{34}、O_{33}\}$）以及优化具有次序柔性的工序加工顺序（例如：$Job_1$ 的工序顺序由 $O_{11} \rightarrow O_{12} \rightarrow O_{13} \rightarrow O_{14}$ 变为 $O_{11} \rightarrow O_{13} \rightarrow O_{12} \rightarrow O_{14}$）。系统进行调度优化时考虑了柔性工艺路线，使得场景所述的加工任务调度方案的总能耗获得了1200W·h的节能效果，说明本节的支持系统具有一定的节能效果且提出的算法及模型也是可行的。

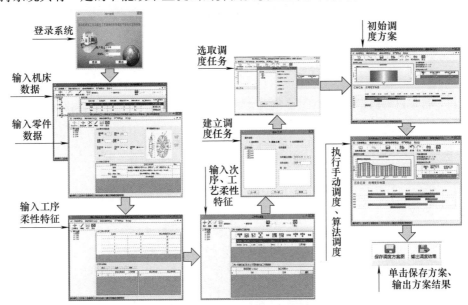

图5-16 场景1系统运行流程

表5-10 调度方案及能耗对比

工序/加工机床	初始方案	调度节能优化的方案
Job_1	$O_{11}/M_1 \rightarrow O_{12}/M_3 \rightarrow O_{13}/M_2 \rightarrow O_{14}/M_1$	$O_{11}/M_1 \rightarrow O_{13}/M_2 \rightarrow O_{12}/M_3 \rightarrow O_{14}/M_1$
Job_2	$O_{21}/M_2 \rightarrow O_{22}/M_1 \rightarrow O_{23}/M_1 \rightarrow O_{24}/M_3$	$O_{21}/M_2 \rightarrow O_{22}/M_6 \rightarrow O_{23}/M_1 \rightarrow O_{24}/M_3$
Job_3	$O_{31}/M_1 \rightarrow O_{32}/M_1 \rightarrow O_{33}/M_1 \rightarrow$ $O_{35}/M_3 \rightarrow O_{36}/M_2$	$O_{31}/M_5 \rightarrow O_{32}/M_1 \rightarrow O_{34}/M_5 \rightarrow O_{33}/M_4$
Job_4	$O_{41}/M_5 \rightarrow O_{42}/M_2 \rightarrow O_{45}/M_2$	$O_{41}/M_5 \rightarrow O_{43}/M_5 \rightarrow O_{44}/M_3 \rightarrow O_{45}/M_5$
方案总能耗/(W·h)	2670	1470

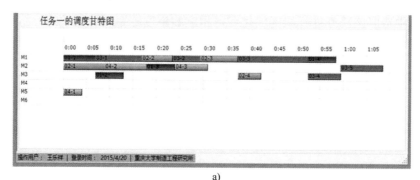

a)

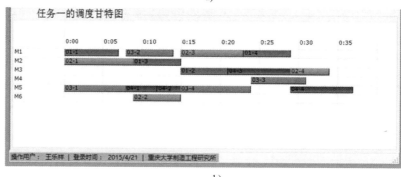

b)

图 5-17　场景 1 调度优化前后方案对比

a）初始调度方案　b）调度节能优化的调度方案

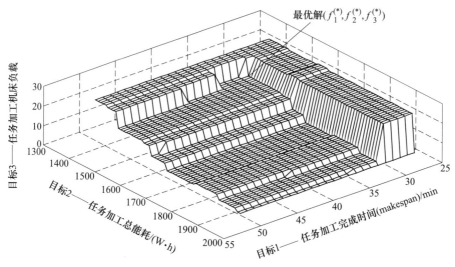

图 5-18　任务柔性工艺路线调度 Pareto 优化解集前沿面

（1）场景 1 的运行结果分析　场景 1 考虑了柔性工艺路线的三个柔性的节

能调度（优化为多目标即 E、T、L）。根据算法步骤求解该模型获得的 Pareto 非支配解集利用 MATLAB 采用插值法绘制出 Pareto 优化解集的前沿面如图 5-18 所示，任务加工总能耗在最小值 1420W·h 与最大值 1960W·h 间变化，任务加工完成时间在最小值 33min 与最大值 52min 间变化，机床负载在最小值 4.2 与最大值 24.2 间变化。场景 1 中的 Pareto 最优解（调度方案的甘特图如图 5-19 所示）的目标函数值分别为 $f_1^{(*)} = 32\text{min}$，$f_2^{(*)} = 1473.1\text{W·h}$，$f_3^{(*)} = 9.6$。因此，本章提出的能耗优化模型及求解方法能够求解具有柔性工艺路线的任务车间调度优化问题，并且能够获得多目标的 Pareto 解集。

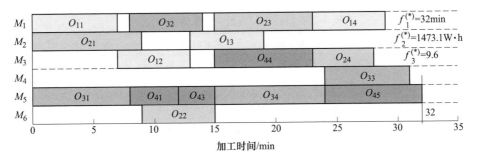

图 5-19　场景 1 最优解调度方案甘特图

（2）场景 1 与场景 2 的对比分析　场景 1 与场景 2 的差别在于调度时是否考虑柔性工艺路线的柔性。场景 2 中 Pareto 最优解（调度方案的甘特图如图 5-20 所示）的目标函数值分别为 $f_1^{(*)} = 43.2\text{min}$，$f_2^{(*)} = 1917.1\text{W·h}$，$f_3^{(*)} = 12.1$。详细对比分析场景 1 和场景 2（见表 5-11）的各加工机床的加工能耗、待机时间、待机能耗，同时对比甘特图图 5-19 和图 5-20 可以看出，场景 1 在机床 M_5 上加工的工序减少，因而 M_2 的加工能耗减小了 614.6W·h，而在机床 M_5 上加工的工序增加，但是 M_5 的加工能耗只增加了 226.1W·h，是由于调度时考虑工序加工柔性和加工方式柔性使得在加工工序数量变化（例如场景 2 的零件 J_4 的加工工序为 O_{41}、O_{42}、O_{45}，场景 1 的零件 J_4 的加工工序变为 O_{41}、O_{43}、O_{44}、O_{45}）的同时工序选择能耗更小的机床进行加工；场景 1 中的零件 J_3 的工序 O_{33} 和 O_{34} 存在工序次序柔性，由于调度时考虑了该柔性将 O_{34} 安排在 O_{33} 前加工，若将 O_{34} 安排在 O_{33} 前加工将使得机床 M_5 产生 6min 的待机时间，这将产生待机能耗。从图 5-21 可以看出，场景 1 的最优调度方案的机床的加工总能耗、待机能耗和待机时间均优于场景 2 的最优调度方案。从整体来看，若试验任务按照场景 1 的最优调度方案加工比使用场景 2 的最优方案获得 444W·h 的节能效果，若零件批量较大将节约较大的电能消耗。

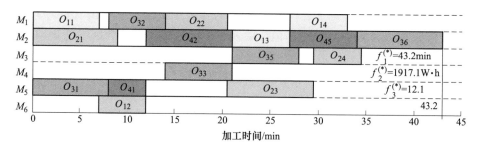

图 5-20　场景 2 最优解调度方案甘特图

表 5-11　场景 1 和场景 2 结果详细对比

机床编号	加工能耗/(W·h)		待机时间/min		待机能耗/(W·h)	
	场景 1	场景 2	场景 1	场景 2	场景 1	场景 2
M_1	290.9	267.5	2	7.5	27	101.3
M_2	155.5	770.1	4	3	28	21.0
M_3	232.1	131.3	2	1.5	49.5	37.1
M_4	149.7	149.7	0	0	0	0
M_5	518.8	292.7	0	8.5	0	58.8
M_6	21.9	87.6	0	0	0	0
合计	1368.9	1698.9	14	20.5	104.5	218.2

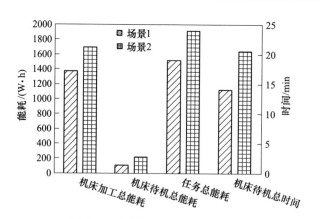

图 5-21　场景 1 和场景 2 结果对比

（3）场景 1 与场景 3 的对比分析　场景 1 与场景 3 的差别在于优化目标不同，Pareto 最优解的各目标值对比见表 5-12。从表 5-12 可以看出，场景 3 以任务加工完成时间 T 单目标为优化目标获得了最优的任务加工完成时间 32min，但是相比场景1多消耗了396.6W·h的能量。因此提出的多目标优化模型能够使得各个优化目标达到折中，获得各优化目标都较优的调度方案。

表5-12 场景1和场景3的调度优化目标值对比

	T/min	$E/(\mathrm{W \cdot h})$	L
场景1	32	1473.1	9.6
场景3	32	1869.7	9.3

综合上述三类场景对比分析可知，提出的考虑了柔性工艺路线的节能调度优化模型，同时以任务加工总能耗 E、任务加工完成时间 T、机床负载 L 为优化目标的多目标模型，可以优化选择工艺路线的加工工序、工序加工次序及工序加工机床，使得完成加工任务的能耗相对较小的同时任务加工完成时间及机床负载平衡效果也能得到较好的改善；并且由场景1和场景2的对比可知，本节提出的模型和方法既能适用于经典的不考虑柔性的调度问题，也能适用于柔性工艺路线的调度问题。因此所提出的模型能够获得较好的加工生产方案，具有一定程度上的节能优化效果，并且提出的求解方法能够获得 Pareto 最优解集。

参 考 文 献

[1] 刘英，袁绩乾. 机械制造技术基础 [M]. 北京：机械工业出版社，2008.

[2] LIN G Y J, SOLBERG J J. Effectiveness of flexible routing control [J]. International Journal of Flexible Manufacturing Systems，1991，3（3/4）：189-211.

[3] BENJAAFAR S. Models for performance evaluation of flexibility in manufacturing systems [J]. International Journal of Production Research，1994，32（6）：1383-1402.

[4] BENJAAFAR S. Process planning flexibility：models, measurement, and evaluation [D]. Minnesota：University of Minnesota，1995.

[5] BENJAAFAR S, RAMAKRISHNAN R. The effect of routing and machine flexibility on the performance of manufacturing systems [J]. International Journal of Computer Integrated Manufacturing，2007，8（4）：265-276.

[6] BENJAAFAR S, RAMAKRISHNAN R. Modelling, measurement and evaluation of sequencing flexibility in manufacturing systems [J]. International Journal of Production Research，1996，34（5）：1195-1220.

[7] KIM Y K, PARK K, KO J. A symbiotic evolutionary algorithm for the integration of process planning and job shops scheduling [J]. Computers & Operations Research，2003，30（8）：1151-1171.

[8] CAPRIHAN R，WADHWA S. Impact of routing flexibility on the performance of an FMS-a simulation study [J]. International Journal of Flexible Manufacturing Systems，1997，9（3）：273-298.

［9］ DAHMUS J, GUTOWSKI T. An environmental analysis of machining ［C］//ASME international mechanical engineering congress and RD&D expo. New York: ASME, 2004: 13-19.

［10］ 何彦, 刘飞, 曹华军, 等. 面向绿色制造的机械加工系统任务优化调度模型 ［J］. 机械工程学报, 2007, 43 (4): 27-33.

［11］ MOUZON G, YILDIRIM M B, TWOMEY J. Operational methods for minimization of energy consumption of manufacturing equipment ［J］. International Journal of Production Research, 2007, 45 (18/19): 4247-4271.

［12］ MOUZON G, YILDIRIM M B. A framework to minimise total energy consumption and total tardiness on a single machine ［J］. International Journal of Sustainable Engineering, 2008, 1 (2): 105-116.

［13］ BLADH I. Energy Efficiency in Manufacturing ［M］. Berlin: European Commission, 2009.

［14］ WANG H M, CHOU F D, WU F C. A simulated annealing for hybrid flow shop scheduling with multiprocessor tasks to minimize makespan ［J］. International Journal of Advanced Manufacturing Technology, 2011, 53 (5): 761-776.

［15］ RAJEMI M F, MATIVENGA P T, ARAMCHAROEN A. Sustainable machining: selection of optimum turning conditions based on minimum energy considerations ［J］. Journal of Cleaner Production, 2010, 18: 1059-1065.

［16］ GUTOWSKI T, MURPHY C, ALLEN D, et al. Environmentally benign manufacturing: observations from Japan, Europe and the United States ［J］. Journal of Cleaner Production, 2005, 13 (1): 1-17.

［17］ GUTOWSKI T, DAHMUS J, THIRIEZ A. Electrical energy requirements for manufacturing processes ［C］. ［S.l.］: 13th CIRP international conference on life cycle engineering, 2006, 31.

［18］ XHAFA F, ABRAHAM A. Metaheuristics for Scheduling in Industrial and Manufacturing Applications ［M］. Berlin: Springer, 2008.

［19］ 张超勇. 基于自然算法的作业车间调度问题理论与应用研究 ［D］. 武汉: 华中科技大学, 2006.

［20］ HE Y, LI Y F, WU T, et al. An energy-responsive optimization method for machine tool selection and operation sequence in flexible machining job shops ［J］. Journal of Cleaner Production, 2015, 87: 245-254.

［21］ SHIVASANKARAN N, KUMAR P S, RAJA K V. Hybrid sorting immune simulated Annealing algorithm for flexible Job shop scheduling ［J］. International Journal of Computational Intelligence Systems, 2015, 8 (3): 455-466.

［22］ YUAN Y, HUA X. Multi objective flexible job shop scheduling using memetic algorithms ［J］. IEEE Transactions on Automation Science And Engineering, 2015, 12 (1): 336-353.

［23］ ZHANG C, GU P, JIANG P. Low-carbon scheduling and estimating for a flexible job shop based on carbon footprint and carbon efficiency of multi-job processing ［J］. Proceedings of the Institution of Mechanical Engineers (Part B Journal of Engineering Manufacture), 2015, 229: 328-342.

［24］ZHANG H, GEN M, SEO Y. An effective coding approach for multiobjective integrated resource selection and operation sequences problem ［J］. Journal of Intelligent Manufacturing, 2006, 17（4）: 385-397.

［25］刘波. 一种基于强化学习的机械车间任务调度节能优化支持系统研究 ［D］. 重庆: 重庆大学, 2013.

［26］WANG Y C, USHER J M. Application of reinforcement learning for agent-based production scheduling ［J］. Engineering Applications of Artificial Intelligence, 2005, 18（1）: 73-82.

［27］MITCHELL T M. 机器学习 ［M］. 曾华军, 张银奎, 等译. 北京: 机械工业出版社, 2008: 263-280.

［28］ZITZLER E. Evolutionary algorithms for multiobjective optimization: Methods and applications ［D］. Zurich: Swiss Federal Institute of Technology, 1999.

［29］孙晟. 基于强化学习的动态单机调度研究 ［D］. 上海: 上海交通大学, 2007.

［30］SHI L, ÓLAFSSON S. Nested partitions method for global optimization ［J］. Operations Research, 2000, 48（3）: 390-407.

［31］SHI L. Nested partitions method for stochastic optimization ［J］. Methodology and Computing in Applied probability, 2000, 2（3）: 271-291.

［32］SHI L, OLAFSSON S. Nested partitions method, theory and applications ［M］. New York: Springer, 2009.

［33］SHI L, MEYER R R, BOZBAY M, et al. A nested partitions framework for solving large-scale multicommodity facility location problems ［J］. Journal of Systems Science and Systems Engineering, 2004, 13（2）: 158-179.

［34］YAU H, SHI L. Nested partitions for the large-scale extended job shop scheduling problem ［J］. Annals of Operations Research, 2009, 168（1）: 23-39.